생명과학의 연금술

Alchemy of Life Sciences

생명 과학의 연금술

Alchemy of Life Sciences

김환규

전북대학교출판문화원

머리말

우리는 과학과 사회 모든 분야에서 획기적인 변환기에 살고 있다. 과학은 모든 인간 활동의 토대를 형성한다. 과학은 지식의 경계를 밀어내 끊임없는 지식축적을 가능하게 하며 이러한 과학의 발전은 인간의 복지증진과 동시에 환경문제와 윤리적인 문제들을 끊임없이 야기하고 있다.

현대는 생명과학의 시대라 할만하다. 각 개인의 특성을 결정짓는 중요한 요소는 DNA이며 이는 일란성 쌍둥이가 아닌 한 개인마다 고유하다. 인간 뇌의 고유한 특성을 형성하는 또 다른 요인은 축적된 개인의 경험이다. 유전 및 경험에 의한 차이는 결국 뇌의 물리적 변화로 표현되며 인간 사회에서 나타나는 모든 범주의 행동을 설명할 수 있다. 유전공학에 의한 유용산물의 생산뿐만 아니라 각 개인의 게놈을 분석할 수 있는 바야흐로 생명과학의 시대가 되었다.

인간은 지구상에 존재하는 다양한 생물종과 함께 진화되어왔고 생물종이 가진 여러 물질은 인간에게 유용한 자원으로 활용되어왔다. 그러나 화석연료의 대량 사용 및 산림 벌채와 초원을 농경지로 전환시키는 등 인간의 여러 개발 활동으로 생물종다양성 상실의 시대가 도래하였다. 생물종다양성은 인류의 생존과 밀접한 관련이 있기 때문에 전 지구적인 차원에서 생물종다양성을 지키기 위한 노력을 경주해야 할 때이다. 또한 복제양 〈돌리〉의 탄생과 더불어 의약품, 식품 및 기타 농업 분야에서의 생명과학의 비약적 발전은 인류의 복지를 증진시켰으나 유전자변형식품 논란 등 또 다른 문제를 야기하고 있다.

현대의 산업발전과 도시화에 따라 인류는 생물종다양성의 감소와 자연생태계의 파괴라는 스스로 부른 재앙과 함께 살고 있다. 세계화에 의해 추동된 단일문화 때문에 인류의 문화다양성도 감소하고 있다. 과학은 환경변화에 따른 인간 및 자연생태계의 교란에 대한 통찰력을 제공해 줄 수 있다.

여기에 실은 글들은 21세기 들어 이루어진 과학적 성취와 그 배경 이야기를 모은 것이다. 과학은 우리 주변의 모든 현상에 대해 보편적인 시야를 제공해 주는 렌즈이다. 본서는 〈2015년도 전북대학교 저술장려 경비〉 지원으로 제작되었으며 이에 감사드린다.

김환규

차례

I. 생명과학과 문명

II. 과학기술과 문명

III. 세상을 바라보는 렌즈

IV. 과학의 역할

V. 21세기의 과학

VI. 과학의 미래

I. 생명과학과 문명

존 또는 조안의 성 정체성
식생활
과학과 문화
집단생활
생명과학의 연금술
슈퍼 박테리아
유전자
의약품과 생물종다양성
일주기 리듬
복제양 돌리
죽음의 의미
침묵의 봄
후회의 감정

1 존 또는 조안의 성 정체성

사랑은 문학 · 도덕 · 철학 · 종교 모두에서 가장 근본적인 관념 중의 하나이다. 국립국어원은 지난 2012년에 대학생 5명이 국민신문고를 통해 '이성애 중심적인 언어가 성 소수자 차별을 만든다'며, 사랑의 정의를 바꾸자고 제안하자 이를 수용해 그해 11월 〈표준국어대사전〉에서 사랑과 관련한 5개 단어의 뜻풀이를 변경했다. 국립국어원은 사랑의 뜻을 '어떤 대상의 매력에 끌려서 열심히 그리워하거나 좋아하는 마음'이라고 정의하였다.

그러나 여기에는 단어의 뜻풀이에 사랑의 본질적이고 전형적인 뜻이 반영되지 않았다는 지적이 있었다. 이 때문에 사랑과 관련한 단어의 뜻풀이를 언어학적이고 사전학적 관점에서 재검토하여 최근에 사랑의 정의를 '남녀 간에 그리워하거나 좋아하는 마음, 또는 그런 일'로 바꿨다. 또 '연인관계의 두 사람이 서로 그리워하고 사랑함'이었던 '연애'의 뜻도 '남녀가 서로 그리워하고 사랑함'이라고 바꿨다. 사랑은 '남녀관계'에 작용하는 마음, 즉 이성애라는 점을 강조한 것이다.

남녀의 성결정은 고대시대부터 인류가 가

진 큰 의문 중 하나였다. 〈아리스토텔레스〉는 성결정은 성행위 중 남성 파트너의 열정에 의해 결정된다고 주장하였다. 즉 정열적인 남자일수록 남아를 가질 확률이 높다고 하였다. 20세기 초반까지도 열정, 온도와 영양 같은 요인들이 성결정에 중요하다고 알려져 왔다. 그러다 1905년에 여성은 XX 염색체를, 남성은 XY 염색체를 갖는다는 사실이 알려졌으며 이후 연구를 통해 성결정은 남녀 각각이 생성하는 생식세포인 정자와 난자의 만남에 의해 1:1의 비율로 성이 결정된다는 것이 밝혀졌다.

일반적으로 남녀의 성 구분은 뚜렷하지만 간혹 개인이 남성과 여성의 특징을 모두 가진 경우가 있으며 이를 간성間性이라 한다. 실제 대부분의 사람은 유전 및 해부학적으로 성적 표현형이 일치하지만 인구의 약 0.4~1.7%는 두 형태 상태 즉 간성이다.

〈데이비드 리머David Reimer〉(1965~2004)는 생물학적으로 남성으로 태어났다. 쌍둥이로 태어난 그는 생후 7개월 무렵에 배뇨에 문제가 생겨 그 해결책으로 포경수술을 받는 중에 음경 전체가 회복이 불가능한 정도로 손상을 입게 되었다.

〈리머(존)〉의 부모는 남성 생식기가 없는 아들의 미래의 행복과 성적인 기능에 대해 고민하다가 성 발달 및 성 정체성 분야의 전문가인 존스 홉킨스 대학의 심리학자인 〈존 머니John Money〉박사에게 도움을 청하였다. 〈머니〉박사는 태어날 때 아기는 본질적으로 중성이고 그들의 남성이나 여성에 대한 정체성은 후천적인 경험과 자신의 해부학적인 구조에 대한 인식에 의해 결정된다는 가설을 주장하고 있었다. 〈머니〉박사는 〈존〉에게 정상적인 형태의 음경을 회복시켜 줄 수 없기 때문에 존의 정소를 제거하고 여성 생식기 성형수술을 한 후 여성호르몬을 투여하여 성을 전환할 것을 권하였다. 결국 〈존〉의 부모는 〈머니〉박사의 제안을 받아들였으며 성전환 수술과 함께 여성화 교육을 통해 〈존〉이 여성으로서 정상적인 삶을 영위하기를 바랐다. 생후 22개월째 〈존〉은 정소 제거 수술을 받았고 이후 여성으로 자라도록 여성화 교육을 받았으며 〈브렌나(소안)〉라는 이름으로 불렸다.

수술 후 〈머니〉 박사는 약 10년간 〈존〉을 지속적으로 관찰하면서 심리학적인 치료를 제공하였다. 〈머니〉박사는 성 정체성이 후천적으로 학습된다는 증거로서 〈존〉의 성 정체성에 대해 학계에 보고하였다. 〈머니〉박사의 의견에 따르면 여성으로 전환된 후의 〈존〉은 잘 적응하고 행복한 정상 여아가 된 것으로 보인다. 이 사건은 1973년도에 〈타임 메거진〉에 "이 극적인 경우는 남녀행동의 인습적인 패턴이 바뀔 수 있다는 사실을 보여준다. 또한 심리학적이고 해부학적인 성 차이가 수정되면서 유전자들에 의하여 성이 정해진다는 이론에 회의를 불러일으킬 만하다"고 소개되었다. 이 사건을 계기로 남녀의 역할에 대한 극적인 사회적 변화도 일어났다. 〈머니〉박사는 〈존/조안 사례〉의 형태로 〈존〉에게 성공적으로 여성 생식기가 발달하였으며 이 사례를 통해 비-간성인 경우조차도 성전환 및 여성 생식기의 재형성이 가능하다고 주장하였다.

그러나 불행하게도 후속 보고는 〈존〉의 성전환 수술이 재난이었음을 보여주었다. 〈존〉의 행동은 여자애들보다는 남자애들과 비슷했다. 여성 생식기 성형수술과 여성화 교육에도 불구하고 〈존〉은 초등학교 2학년 때부터 자신이 남자가 아닌지 의심했고 또 자신이 근육형 남성이 되기를 꿈꿨다. 그는 잘못된 포경수술이나 유전적으로 그가 남성이라는 사실을 몰랐다.

사춘기에 접어들어 가슴형성을 유도하기 위해 에스트로겐을 투여한지 2년이 지난 14살 때 그는 거의 여자의 외형을 갖추었지만 정신적 혼란은 더욱 심해졌다. 결국 아버지는 〈존〉의 어렸을 때의 사고와 성전환 수술에 대해 얘기해주었고, 극심한 충격에서 헤어나지 못한 〈존〉은 즉시 남성으로의 성전환 호르몬 요법과 수술을 요청했다. 이후 〈존〉은 결혼과 더불어 아내의 아이들을 입양했고 도축장의 직원으로 고된 노동이 요구되는 육체적 일을 무난하게 수행하였다.

후에 그는 그의 성 정체성과 그의 실명이 〈데이비드 리머〉라는 것을 밝혔고 그의 삶에 대한 책의 집필에 협조하였다. 〈존〉은 자기에게 행해진 것과 유사한 의학적 시도를 중단시키기 위해 대중 앞에 나서기도 하였으나 심각한 우울증, 경제적 불안정 그리고 평탄치 못한 결혼생활 때문에 38세의 나이로 자살하였다.

성문제 전문가인 〈밀톤 다이아몬드Milton Diamond〉와 만난 1997년부터 〈존〉의 사례는 국제적인 관심을 받기 시작하였다. 1997년에 출판된 〈자연이 그를 만들었다: 소녀로 자란 소년〉이라는 책이 〈리머〉의 이야기를 담고 있다. 〈리머〉의 예는 중립적인 성이 존재하는 것이 아니라 그는 처음부터 남성의 뇌를 가지고 있었다는 것을 보여준다. 유전적으로 결정된 성은 성전환 수술, 호르몬 요법, 여성화 교육으로도 억제되지 않는다. 즉 성 정체성은 유전, 호르몬, 그리고 삶의 경험 등 복잡한 상호작용을 통해 확립된다.

2

식생활

“가공이 덜된 식품을 먹고 소식하며 되도록 식물성 식품을 섭취하라” 이 글귀는 〈마이클 폴란 Michael Pollan〉이 2008년에 출간한 ‘식품을 옹호하며(In Defense of Food)’라는 책자를 통해 주장한 건강한 식습관이다. 인간이 건강하게 살기 위해서 무엇을 어떻게 먹어야 하는지는 매우 복잡한 문제이다. 현대의 놀랄만한 〈식품과학〉의 발달과 정보의 홍수 속에 일반인들조차 웬만한 전문가적 지식을 갖고 있는 요즘에는 더욱 그렇다.

건강한 식습관에 대한 〈폴란〉의 결론은 간단하다. 가공된 식품이 아닌 온전한 상태의 식품을 섭취해야 한다는 것이다. 인류 역사를 볼 때 인간은 전문가의 도움 없이 식생활을 잘 영위해왔다. 그러나 지난 몇십 년간의 획기적인 사회변화 과정을 거치면서 우리 어머니들이 갖고 있던 전문가적 식견은 과학자들과 식품 제조업자들이 독점적으로 갖게 되었다. 그 결과 섬유성, 저지방 또는 불포화지방산 등의 용어가 일반인들에게도 익숙해졌다. 오렌지를 먹으면서 전체적인 효과를 생각하는 것이 아니라 비타민 C를 섭취한다고 생각하는 것처럼 현대인들은 온전한 형태의 식품을 바라보는 게 아니라 영양학적 측면에서 식품을 분석하면서 섭취한다.

영양분이란 용어는 19세기 초반부터 사용되어온 개념이다. 영국의 의사이자 화학자인 〈윌리엄 프라우트〉는 음식물 속에 들어있는 세 가지의 주된 구성성분, 즉 단백질, 지방 및 탄수화물로 이루어진 거대분자들을 확인하였다. 〈프라우트〉의 발견 이후 독일의 〈리비히〉는 몇 종류의 미네랄을 추가로 발견하여 음식물이 어떻게 살을 찌게하고 에너지로 전환되는가를 구명하였다. 이러한 발견에 힘입어 식품은 온전한 형태의 먹거리에서 화학적 구성물이라는 포장을 쓰게 되었다. 이후 20세기 들어 몇 종류의 미량 영양소들이 추가로 발견되었으며 이를 '생명에 필수적이다'라는 의미에서 비타민이라 명명하였다. 1920년대부터 비타민은 유럽 중산층 사람들에게 매우 인기 있었으며, 어린이의 성장을 촉진하고 성인의 수명을 연장시키는 마법의 물질로 인식되었다.

식품문화의 서구화에 따라 우리의 식생활 환경은 어떻게 변했을까? 가장 큰 변화는 가공이 덜된 형태의 식품에서 보다 부드러운 식품으로의 변화이다. 쌀을 매끄럽게 도정하면 당류의 방출을 늦추는 많은 섬유소들이 제거되어 소화가 쉽게 된다. 또한 소화효소에 노출되는 면적이 넓어 녹말이 보다 빨리 포도당으로 전환될 수 있다. 식이성 섬유, 비타민 E, 엽산, 철, 아연, 망간과 마그네슘 등이 잘 조화된 식품을 섭취한 경우보다 가공이 덜된 형태의 곡물이 포함된 식품을 섭취한 사람들의 사망률이 감소되었다는 보고가 있다. 이것은 여러 곡물의 낱알과 그 구성성분들이 상호작용한 결과이며 이를 '식품 상승작용'이라 한다. 즉 온전한 식품이 그들을 구성하고 있는 영양분 전체가 합해진 식품을 섭취하는 것보다 건강에 좋다는 것이다.

식품문화의 또 다른 변화는 질에서 양으로의 변화이다. 기업농 입장에서는 다량의 곡물 생산이 질 좋은 곡물 생산보다 수익이 더 많다. 미국 농무성 발표에 따르면 1950년대 이래 43 종류의 곡물에서 영양 함량이 감소되었는데 비타민 C는 20%, 철은 15%, 리보플라빈은 38% 그리고 칼슘은 16%가 감소되었다. 달리 말하면, 동일한 양의 칼슘을 섭취하기 위해서 1940년대에는 사과 하나를 먹으면 되었지만 지금은 세 개의 사과를 먹어야 한다는 것이다.

잎을 주로 먹던 형태에서 씨앗을 많이 섭취하는 형태로의 변화도 주목할 만하다. 잎에는 항산화제와 광-화학물질, 섬유소 그리고 오메가-3 지방산 등 많은 중요한 영양분들이 존재한다. 대부분의 사람들은 오메가-3 지방산을 어류가 직접 생성하는 것으로 알고 있으나, 어류는 오메가-3 지방산을 녹색 식물로부터 얻고 있다. 식물의 잎은 광합성 산물로서 오메가-3 지방산을 합성한다. 따라서 야채를 충분히 섭취한다면 굳이 오메가-3 지방산을 구입 · 복용할 필요가 없는 셈이다.

우리의 식생활은 엄청난 변화를 겪고 있으며 이에 따라 이전에 볼 수 없었던 비만과 성인병 등으로 시달리고 있다. 이를 개선하기 위한 방법은 무엇일까? 〈폴란〉의 처방은 이렇다. 첫째, 서구화된 식생활로부터의 탈출이다. 어떤 식품이건 그 속에 들어있는 영양분의 함량보다 어느 정도의 가공이 이루어졌는가를 살피는 게 중요하다. 둘째, 온전한 식품을 섭취해야 한다. 단적으로 말하면, 우리 조상들이 먹었던 식품을 먹는 게 현명하다는 얘기이다. 셋째, 적게 먹어야 한다. 세계적인 장수 고장인 일본의 오키나와에 사는 사람들은 포만감을 느끼기 전 약 80%까지만 음식을 먹는 〈하라 하찌 부〉 원칙을 지킨다고 한다. 칼로리 섭취량을 30% 줄이면 수명이 30~40%까지 연장될 수 있으며 노화를 지연시킨다는 보고도 있다. 우리의 식탁에 오르는 식품들이 어느 정도의 가공과정을 거친 것인지 한번 살펴볼 일이다.

3 과학과 문화

인간은 건강이나 환경문제 같은 이슈뿐만 아니라 도시의 적절한 규모, 빈곤의 원인, 도덕성의 근원과 시장의 복원력에 대해서도 과학적으로 생각한다. 과학은 지속적인 탐구, 철저한 자기-비판적 태도와 엄중한 방법으로 획득한 증거에 기반을 둔 방법론이자 철학이다. 과학은 복잡한 문제를 가시화하고 해결할 수 있는 렌즈이다.

세상만사는 과학에서 시작되고 인간을 둘러싼 모든 현상의 배후에는 과학이 자리 잡고 있다는 생각을 바탕으로 온라인 과학 잡지인 '시드Seed'가 2001년에 발행되었다. '과학은 문화다'는 〈애덤 블라이Adam Bly〉가 기획한 '시드'의 표지 부제로 발행 후 5년에 걸쳐 진화학자, 철학자, 예술가, 물리학자, 디자이너 및 유전학자 등 저명인사들이 모여 진행한 대화를 정리한 책이다. 대화에 참여한 이들은 도덕성의 기반, 진실의 본질, 지식의 한계 등의 주제를 주로 진화론적 측면에서 논의하였다.

과학은 이전에 볼 수 없을 정도로 우리의 문화와 사회적, 정치적, 경제적, 군사적, 예술적 그리고 지성의 지표를 변화시키고 있다. 또한 요즈음은 여러 학문 분야 사이에 존재하던 경계가 무너지고 있다. 〈에드워드 윌슨〉은 이러한 경계를 장벽이 아닌 널찍한 미지의 영역으로 보고 인간의 내면에는 미개척지를 탐색하는 영역이 존재할 것이란 의견을 제시하였다. 〈대니얼 데넷〉은 이 미지의 영역을 두 척의 배가 나란히 서서 밧줄로 서로를 묶으려는 시도로 보고 있다. 서로 상대편 배에 밧줄을 던지기는 했지만 배는 아직도 삐걱거리며 부딪히기도 하고 어느 곳에서는 밧줄을 너무 심하게 잡아당기기도 하는 것이 지금의 상황이라 설명한다. 〈데넷〉은 진화론이 위대한 것은 모든 것을 통합하는 시각을 제시하는데 있다고 지적하였다.

〈앨런 라이트먼〉과 〈리처드 콜턴〉은 '창의력의 첫 번째 요소는 지루함'이라는 〈거트루드 스타인〉의 표현을 빌려 항상 뭔가를 해야 하고 더 소비하고 점점 빨라지는 이 시대의 광기와 보조를 맞추면서도 단조로운 반복도 필요한 현대인의 생활을 얘기하고 있다. 〈라이트먼〉의 지적에 따르면 과학기술이 가진 나쁜 점 가운데 하나는 생활의 페이스가 너무 빨라지고 이에 따라 앞에서 말한 지루함이 들어설 자리가 없어진다는 것이다. 사람들이 항시 바쁘게 뛰어 다니기만 한다면 생각할 시간을 가질 수 없을 것이다. 이러한 현상은 창의력 발휘뿐만 아니라 우리가 누구인지, 가치관은 무엇인지, 어디로 가고 있는지에 대해 생각할 시간마저 빼앗아간다.

이런 상황에서 요구되는 것이 문화이다. 문화는 인간을 시간의 개념으로부터 이탈시키기 때문이다. 특히 예술의 시간은 시계의 시간과는 다르다. 음악회건 무용 공연을 보든 예술 속에서 사람은 시간표에 묶인 일상으로부터 벗어나게 된다. 이런 면에서 〈라이트먼〉은 세상이 빨리 돌아 갈수록 예술을 감상하면서 시간이 정지하는 느낌을 갖는 것이 정신건강과 스스로의 본질에 대한 감각을 유지하는데 중요하다고 강조한다.

〈라이트먼〉은 사람들이 초보일 때 눈과 귀가 가장 활짝 열려 있으므로 과학자건 예술가건 초보자의 자세를 유지하는 것이 매우 중요하다고 말한다. 초보자는 어떤 선입견도 없기 때문에 대부분의 과학자에게 있어서 최고의 업적은 그들의 젊은 시절에 이루어진 것이다. 젊을 때는 이미 알려진 법칙이 강요하는 전통이나 도그마가 별로 없고 어떤 의문도 제기할 수 있기 때문이다. 이런 면에서 특정 학문 분야에 정통해 있으면서도 기존의 틀에서 벗어난 시각을 지닌 학문적 아웃사이더도 필요하다. 이와 연관된 주제로 객관성과 이미지에 대한 논의에서 〈알바타〉는 불변의 개념이 존재한다는 생각은 과학, 사회와 예술 모든 분야에 있어 매우 위험하다고 지적하였다.

현대의 산업발전과 도시화에 따라 인류는 생물종다양성의 감소와 자연 생태계의 파괴라는 스스로 부른 재앙과 함께 살고 있다. 세계화에 의해 추동된 단일 문화 때문에 인류의 문화다양성도 감소하고 있다. 이런 재앙은 디지털 이미지가 폭발적으로 증가했다는 사실과 연관이 있다. 결국 인간은 가상 세계에 살기 시작했는데, 여기서는 사물의 이미지를 볼 수만 있으면 그것이 실제로 존재하는지의 여부를 따지지 않는다. 환경 변화에 따른 인간 및 자연 생태계의 교란에 대한 통찰력을 제공해 줄 수 있다는 면에서 과학의 중요성은 더욱 강조되어야 할 것이다.

'전쟁과 기만' 편에서 〈노암 촘스키〉는 인간의 고유한 특성 중 하나로 인간은 자신이 하고 싶은 일이 있을 경우 그 일이 올바르고 정의롭다고 자기 자신을 설득하는 습성이 있으며 그것이 틀렸음을 보여주는 증거는 치워버린다는 것을 지적했다. 이러한 자기기만은 자동적이어서 인간이 거리를 두고 스스로를 바라보려면 상당한 노력을 기울여야만 하는 것이다.

과학적 변화가 사회적 변화를 의미하지는 않는다. 진정으로 뛰어난 과학은 학문적인 언어와 전문 용어 뒤에 숨어 있는 경우가 많다. 지금은 세상을 바라보는 새로운 과학적 시각이 필요한 때이다. 과학적 지식은 선하고 보다 많은 과학적 지식의 축적이 인류를 더 여유롭게 할 수 있다는 신념을 재점화할 필요가 있다. 과학의 발전이 우주 개발이나 우주 식민지 건설을 앞당길 수 있다는 식의 제국주의적 사고를 경계해야 한다. 과학은 공평하고 개방적이어야 한다. 어떤 아이디어든지 누구에 의해서나 어느 때던지 바뀔 수 있어야 된다. 이것이 문화의 근본이며 과학의 속성이다.

4 집단생활

인간을 포함한 대부분의 동물은 집단생활을 영위한다. 동물은 집단 구성원간의 유대를 견고히 유지하기 위해 의사소통을 한다. 영장류는 서로의 털을 손질해주고 개과科 동물들은 코를 비비거나 서로 핥는다. 곤충은 먹이가 있는 곳의 정보를 전달하기 위해 의사소통을 한다. 의사소통은 영역의 방어뿐만 아니라 잠재적인 짝을 포함한 개체군 내의 다른 개체에게 정보를 전달하기 위한 수단이다.

집단생활은 먹이경쟁을 심화시키는 반면에 짝을 만나기 쉽고 피식의 위험성을 낮추는 등 그 비용을 보상받는 이점이 있다. 먼저 집단생활은 경계강화를 통해 피식의 위험성을 줄인다. 개미사회에서는 계급의 공고화를 통한 제도적 틀을 정비해놓고 있다. 집단생활은 기본적으로 다수에 의해 보호를 받는다. 일반적으로 포식자는 한 번의 공격으로 한 마리의 먹이를 얻는다. 한 개체가 독립적으로 생활할 때 공격에 의한 피식 가능성은 100%인 반면 100마리로 구성된 집단 내부에서 피식 가능성은 1/100로 감소한다. 따라서 큰 집단은 단독 생활 개체보다 더 많이 공격을 당하겠지만 단독 생활 개체보다 훨씬 낮은 비용을 치를 것이다.

동물 집단의 크기는 집단생활로 얻어지는 이익과 손실 사이의 〈트레이드 오프trade-off〉에 의해 결정된다. 집단 내에는 한 개체의 희생으로 집단에 이익을 주는 행동도 존재한다. 꿀벌은 잠재적 포식자를 차단하기 위해 침을 쏜다. 꿀벌의 침에는 갈고리가 달려 있어 일단 포식자의 피부를 뚫고 들어가면 침을 뺄 수 없다. 꿀벌이 탈출할 수 있는 유일한 방법은 자신의 복부 일부를 떼어내는 것인데 그것은 곧 죽음을 의미한다. 이것이 〈이타적 행동〉으로 집단의 이익을 위해 한 개체가 자신에게 닥친 위험을 감수하는 것이다.

자연계에는 〈이타적 행동〉보다 〈이기적 행동〉을 하는 개체들이 훨씬 많다. 그러나 〈자연선택〉은 집단이나 종을 위한 이로운 결과를 선호한다. 영국의 생태학자인 〈에드워즈W. Edwards〉는 자신의 욕구를 집단의 이익에 종속시킬 수 있는 이타적 개체를 가진 그룹(옳고 그름을 떠나)이 이기적인 개체로 구성된 집단보다 생존에 유리할 것이란 〈그룹선택 이론〉을 제시하였다. 이타적 개체가 많은 집단은 적응도가 증가되는 반면 이기적인 개체가 많은 집단은 피식과 자원의 남용 등으로 죽어갈 것이다.

집단생활을 할 때 기회가 많으면서도 이해가 충돌되는 부분이 배우자 선택 문제이다. 집단생활을 하는 동물들은 서열을 형성한다. 이런 집단에서 상대적 우위의 동물들은 열위 개체보다 더 많은 번식기회를 갖는다. 이들은 물리적인 힘으로 우위를 확보하기 때문에 열위의 개체가 강한 개체에게 도전한다는 것은 스스로 죽음을 택하는 것이다.

대부분의 동물 집단의 성비는 1:1이다. 그러나 이것이 한 마리의 암컷이 한 마리의 수컷과 짝짓기를 한다는 것을 의미하는 것은 아니다. 동물 집단 내에서 짝짓기 성공률을 높이려는 선택압 작용 결과 〈성 선택〉이 일반화되었다. 많은 종에서 암컷은 선호하는 짝을 적극적으로 선택하지 않는다. 대신 그들은 경쟁 우위에 있는 수컷과 짝짓기 한다.

물리적 우위만이 짝짓기의 결정권을 보장하는 것은 아니다. 예를 들어 상대적으로 작은 코끼리바다표범은 경쟁 우위에 있는 수컷이 감시하는 해변보다 바다 속에서 암컷을 가로채 짝짓기를 시도한다. 또 다른 예로 열위의 개구리는 강한 수컷이 내는 구애求愛 소리를 향해 다가가는 암컷을 가로채기 위해 연못 주변을 어슬렁거린다. 이렇게 짝짓기 장소의 변두리를 돌아다니는 〈위성 수컷〉은 동물계에서 흔히 볼 수 있다. 이러한 생태계 덕분에 경쟁에서 우월한 수컷이 가장 많은 자손을 산출할지라도 경쟁에 뒤진 수컷 또한 번식 성공의 기회를 가질 수 있다.

한편 미국 에모리 대학 여키스Yerkes 국립 영장류 연구센터의 영L. Young과 해먹E. Hammock은 〈정절〉이 유전자의 지배를 받는다고 주장하였다. 이들 과학자들은 수컷 들쥐의 〈정절〉이 〈반복적인 유전자 서열〉과 관련이 있다는 것을 발견하였다. 이 서열은 단백질을 생성하지 않는(비기능적) DNA로 호르몬 수용체를 만드는 유전자에 존재한다. 긴 반복서열을 갖는 수컷 들쥐는 짧은 반복서열을 갖는 수컷보다 암컷과의 유대를 더 잘 유지하고 새끼를 헌신적으로 돌본다고 주장하였다. 결국 모든 사회성 동물의 행동은 유전자의 발현과 생활방식의 조합에 의해 출현하는 것이다.

과학은 인간이 편견 없이 경험을 공유하도록 돕는다. 과학과 진화에 대한 이해는 합리적인 사고능력을 배양하고 사회문제를 이해하고 해결하는데 크게 기여한다. 몇 해 전부터 많은 인문학자들이 인문학의 위기를 호소하고 그 타개 노력을 적극 펼친 결과 최소한 외형적으로는 사회 각 분야에서 인문학에 대한 관심이 쏠리고 있다. 그러나 과학에 대해서는 그 진정한 가치와 효용성을 인정하고 주장하는 학자나 관료 또는 정책입안자들이 거의 없는 실정이다. 학문적 생태계가 무너지면 항상성이 깨져 인간과 사회 그리고 자연이 병들게 된다.

5

생명과학의 연금술

과학과 기술의 진보는 엄청난 속도로 이루어지고 있다. "오늘 노벨상을 받은 연구는 지금부터 10년 이내에 대학원생들의 석사학위 논문이 될 것이다"라는 말에서 변화의 속도를 짐작할 수 있다. 논리적이고 창의적인 생각으로 가득 채워져 있다는 점에서 '중합효소 연쇄반응(Polymerase Chain Reaction, PCR)' 기법은 예술이라 할 수 있다. 그토록 간단한 원리를 이용해 생명과학 분야뿐만 아니라 사회전반에 걸쳐 지대한 영향을 끼친 기술은 PCR이 유일할 것이다. PCR 기법 덕에 할리우드에서는 영화 〈쥐라기 공원〉의 공룡을 복원할 수 있었다.

PCR 개념은 매우 단순해 PCR이 처음 알려진 이래 기본적인 방법은 전혀 변화 없이 사용되고 있다. 즉 복제하고자 하는 단일 DNA(유전물질) 가닥 주형과 이 주형 가닥의 염기서열에 상응하는 프라이머(짧은 DNA 염기서열로 시험관에서 합성)와 DNA 중합효소, DNA의 원료물질인 dNTPs를 혼합한 다음 일련의 가열과 냉각 사이클을 운영해 DNA를 증폭시킨다. 이런 신속한 과정을 통해 극소량의 DNA를 대량으로 증폭할 수 있다. 그 결과 2~3시간 이내에 건초더미에 존재하는 하나의 바늘로부터 바늘더미를 만들 수 있다.

이 기술은 DNA 클로닝, 유전적 결함의 진단과 인간세포에 감염된 에이즈 바이러스의 검출을 포함한 많은 분야에 혁명을 일으켰다. 또한 법의학 분야, 친자확인 및 가계조사, 동식물의 변형(GMO)과 상업적 생산 등에도 사용할 수 있으며 화석 속에 소량 존재하는 DNA를 대량으로 증폭시킬 수 있어서 진화 연구에도 사용되고 있다.

PCR 기법을 개발한 〈캐리 멀리스〉는 1966년에 조지아 공대에서 화학으로 학사과정을 마쳤다. 그는 1972년에 버클리 대학(UCB)에서 생화학으로 박사학위를 취득한 후 캔자스 의과대학의 소아심장과에서 박사후연구원 생활을 한 뒤 샌프란시스코 대학(UCSF)의 약리화학교실에서 다시 2년간의 박사후연구원 생활을 거쳤다. 〈멀리스〉가 대학원에 진학할 당시 유전암호가 해독됐으나 그때까지 DNA는 그의 관심 밖이어서 DNA는 단지 길고 실 같은 것으로만 여겼으며 진정한 분자로는 생각하지 않았다. 〈멀리스〉는 버클리 대학에서 수학하는 동안 학과에서 권장하는 분자생물학을 수강하는 대신 천체물리학 과목을 수강하기도 했다. 그는 〈시간 역전의 우주적 중요성〉이라는 천체물리학 가설을 다룬 그의 첫 번째 논문을 1968년 〈네이처〉 지에 발표했다. 나중에 버클리 대학의 〈대학원위원회〉가 분자생물학 과목을 수강하지 않은 그에게 박사과정 진학을 허용할지 여부를 결정하는 과정에서 〈네이처〉에 실린 그의 천체물리학 논문이 도움이 됐다.

박사학위를 마친 후 그는 아내를 따라 1972년에 캔자스로 갔다. 그는 캔자스 의과대학에서 일하게 됐는데 처음으로 인체생물학에 대해 공부할 수 있는 행운을 얻었다. 이후 다시 샌프란시스코 대학에서 쥐의 뇌를 대상으로 '엔케팔린'에 대한 연구를 진행했다. 마침 그곳에서 '소마토스타틴' 유전자의 합성 및 클로닝에 대한 세미나가 개최됐는데, 그는 DNA의 중요한 절편을 화학적으로 합성할 수 있다는 사실에 무척 흥분했다. 그때부터 그는 DNA 분자를 합성하는 분야의 직업을 찾기 시작했다.

〈멀리스〉는 1979년에 〈세터스 사 社〉에 입사했다. DNA 합성 작업은 쥐를 죽여 가며 뇌를 공부하던 것보다 훨씬 흥미로웠다. 2년 후 이전에 사용하던 것보다 훨씬 빠르게 올리고뉴클레오티드를 합성할 수 있는 기계가 실험실에 들어온 것을 계기로 그는 이를 어떻게 활용할 수 있는지에 대한 연구를 시작했다. 이 과정에서 그는 dNTPs(DNA 원료물질)가 존재할 때 DNA 중합효소에 의해 신장될 수 있는 특이적 부위에 결합하는 올리고뉴클레오티드에 대한 연구를 진행했으며, 이를 바탕으로 1983년에 PCR 기법에 관한 논문을 발표할 수 있었다.

그의 첫 번째 PCR 관련 논문은 〈사이언스〉지의 편집자인 〈댄 코쉬랜드〉에 의해 거부당했으나 3년 뒤에는 그에게서 '올해의 위업'이라는 칭찬을 받았다. 이후 1986년에 세터스 사를 떠나 분자생물학 관련 회사의 책임자로 활동하면서 많은 핵산 관련 회사의 컨설딩을 수행했다. 1992년에는 〈앨비스 프레슬리〉나 〈마릴린 먼로〉 같은 사망한 유명 인사들의 증폭된 DNA가 들어있는 보석을 판매하는 회사를 차렸으며 1993년에 〈미첼 스미스〉와 함께 노벨 화학상을 수상했다. 단일 기법의 개발에 의해 생명과학분야 뿐만 아니라 사회의 여러 분야에 혁명적인 변화를 몰고 온 PCR 기법은 21세기의 연금술이라 할만하다.

6

슈퍼 박테리아

최근 일본 도쿄의 데이쿄帝京 대학병원은 지난해 8월부터 1년 동안 입원 중이던 환자 46명이 슈퍼 박테리아에 감염되었으며 이중 최소한 9명은 슈퍼 박테리아가 사망 원인일 가능성이 있다고 발표했다. 아이치현의 한 대학병원에서도 올 들어 24명이 같은 박테리아에 감염돼 6명이 숨진 것으로 알려졌다.

반세기 넘게 여러 종류의 감염을 치료하기 위해 의사들은 항생제를 사용하여왔다. 1940년대에 항생제가 처음 도입되었을 때 항생제는 박테리아 감염과 영원히 싸울 수 있는 무기로 여겨졌다. 이러한 '기적의 약' 때문에 인간의 수명은 연장되었고 보다 건강한 삶을 누리게 되었다. 그러나 과거에 항생제에 의해 쉽게 다스려졌던 많은 박테리아들이 항생제 남용 때문에 항생제에 대해 영향을 받지 않게 되었다. 미국 질병통제본부의 발표에 따르면, 매년 5,000만 건의 불필요한 항생제 처방이 이루어지고 있다고 한다. 일반인들은 항생제가 박테리아에만 작용하고 일반 감기 또는 플루 같은 바이러스에 의해 유발되는 감염에는 효능이 없다는 것을 잘 모른다. 경우에 따라 환자들은 의사에게 항생제 처방을 적극적으로 요구하기도 하고, 때때로 의사들은 그들의 환자가 만족스럽게 병원을 떠나도록 이러한 요구에 동의할 수도 있을 것이다. 이제는 이러한 항생제의 남용을 통제해야 한다. 그렇지 않으면 궁극적으로 가장 강한 항생제조차도 박테리아를 처치할 수 없게 되기 때문이다. 그런 일이 벌어진다면 항생제는 더욱 약효가 적어질 것이며 일반적인 박테리아 감염을 다스리는 것도 매우 어려운 상황에 처할 것이다.

어떻게 항생제에 저항성을 갖는 박테리아가 출현했을까? 항생제가 필요 없을 때 항생제를 복용한다면 항생제-저항성 박테리아의 보유 가능성을 높이게 된다. 신체에는 자연적으로 존재하는 박테리아들(정상총균이라 함)이 있다. 바이러스에 감염되었을 때 항생제를 복용한다면 이들 자연적으로 존재하는 박테리아가 항생제에 노출될 것이다. 이러한 노출 결과 자연적으로 존재하는 박테리아는 죽는 반면 항생제-저항성 박테리아는 생존 · 진화하여 결국 슈퍼 박테리아가 된다. 강한 항생제에도 견디는 슈퍼 박테리아는 대개 병원에서 검출되었다. 이들 박테리아는 NDM-1이라 불리는 효소를 가지며 이 효소 때문에 〈카바페넴스〉라는 가장 강력한 항생제에도 저항성을 지니게 되었다. 미국 질병통제본부의 발표에 따르면 매년 폐렴치료를 위한 과정에서 100,000~135,000건의 폐렴연쇄상구균 감염이 이루어진다고 한다. 1980년대 초에는 페니실린에 의해 이 질병을 99% 치료할 수 있었으나 오늘날에는 페니실린에 대한 저항성이 35~50%에 이른다. 슈퍼 박테리아는 우리나라와 이번에 보도된 일본뿐만 아니라 전 세계적으로 확산되고 있다. 따라서 엄격한 확산 통제와 새로운 약물의 개발이 시급한 실정이다.

적절한 항생제 사용을 위해서는 환자와 의사 모두를 대상으로 하여 항생제 남용 경계 교육을 강화해야 한다. 다른 나라의 경우를 보면 공공부분 및 민간 의사들을 대상으로 한 교육 캠페인 결과 항생제 처방이 현저하게 줄어들었다는 보고가 있다. 결국 항생제 사용 감소가 박테리아의 항생제 저항성을 떨어뜨릴 것이고 그것이 슈퍼 박테리아의 출현을 방지하는 길이다.

슈퍼 박테리아 출현의 또 다른 경로가 있다. 1990년대 이래 사람들은 미생물 감염과 질병을 예방하기 위해 항미생물 비누를 사용해왔다. 특히 신종플루 유행 이후에는 병원, 학교와 공중화장실 등 곳곳에서 쉽게 볼 수 있게 되었다. 최근 들어 이들 상품들이 슈퍼 박테리아의 등장에 관련이 있는 것으로 보고되었다. 2004년도부터 수질 관련 종사자들은 식수로 공급되는 물에서 상당한 양의 〈트리클로산〉을 검출하였다. 〈트리클로산〉은 대부분의 항미생물 비누의 구성성분이다. 〈트리클로산〉이 햇빛에 노출되면 정상적인 수처리가 어려워져 호수와 강 등은 엄청난 화학물질로 축적될 것이다. 소비자들이 항미생물 비누에 대한 인식을 바꾸지 않는 한 제조업자들은 보다 강하고 환경에 해로운 비누를 계속 만들 것이고 그 결과 신체 내의 저항성 박테리아는 더욱 늘어날 것이다. 항미생물 비누 문제를 해결하기 위한 가장 좋은 방법은 무엇인가? 일반 비누로도 비벼서 손을 씻으면 손에 있는 박테리아를 제거할 수 있다. 일반 비누가 박테리아와 결합되어 씻겨 나가기 때문이다. 또한 생태 친화적 비누를 소비자들에게 공급해야 한다. 안전하고 생분해 가능한 성분을 이용한 비누를 확대 보급하는 길이 슈퍼 박테리아의 출현을 막는 한 가지 방법이다.

미국에서는 1907~1944년 사이에 우생학 프로그램의 시행으로 30개 주에서 약 4만 명 이상의 정신지체 및 정신질환자 또는 규범적 범위를 벗어나는 행동을 일삼는 사람들에게 불임수술을 시행하였다. 우리나라에서도 소록도에 수용된 한센병 환자들을 대상으로 한 불임시술과 낙태수술이 행해져 인권침해 논란이 일어난 바 있다. 우생학에 대한 추종은 독일의 '나찌'가 그들의 대량학살 행위를 정당화하는 수단으로 이용한다는 사실을 확인한 후에야 자취를 감추었다. 인간의 행동은 수많은 유전자 및 비유전적 요인들의 상호작용으로 나타난다. 지능 또는 게으름을 결정하는 유전자가 존재한다는 식의 단순한 결정론적 모델은 일반적인 행동의 표현형을 설명하기에는 적절하지 않다. 행동의 기원에 대한 유전학적 집착은 숙명적 결정론에 입각하여 사회정책을 추진하도록 조장할 것이며, 특정 소수자들에게 대한 부정적인 관점을 강화시킬 것이다.

1990년대 후반 들어 정신에 관련된 질환이 의지의 문제가 아니라 뇌의 문제로 인한 질환임을 밝히고자 정신질환에 대한 유전학적 연구가 시도되었다. 실제 많은 정신질환이 유전적인 소인에 의해 영향을 받는다. 그러나 정신질환과 연관되어 있을 것으로 보고되었던 많은 유전자들에 대한 후속 연구 결과 연관성을 재현하는데 실패하여 정신질환을 단지 유전적 소인으로만 설명하기에는 부족한 면이 많다.

정신분열병이 발병할 위험성은 유전적 소인으로 의심되는 유전자를 보유한 정도에 따라 증가한다. 만일 일란성 쌍둥이 중 한 명이 정신분열병을 앓고 있다면 다른 한 명이 정신분열병에 이환될 확률은 50%이다. 일란성 쌍둥이는 동일한 유전자를 지니고 있는데 왜 한 쪽 쌍둥이는 정신분열병 환자인데도 불구하고 다른 한 쪽에서 이 질환에 걸리지 않을 확률은 50%인가? 여기에 대한 답은 환경에 있다. 노화에 대한 연구 방편으로 일란성 쌍둥이를 대상으로 특정 DNA의 메틸화 양상 조사에서 제한효소 지도상의 차이를 분석한 결과 3세 때는 여섯 개의 밴드에서만 차이가 발견되었지만 50세에서는 78개의 밴드에서 차이가 나타났다. 이러한 결과들을 볼 때 인간의 행동은 유전적 소인과 더불어 환경의 지배를 받는다는 것이 타당한 생각이다.

인간의 생각과 행동을 분석할 때 고의적으로 왜곡하지 않는 경우조차도 통계자료를 모으는데 수많은 오류가 있다. 일부 사람들은 정량화할 수 없는 것을 정량화하려고 시도한다. 이러한 오류는 지적 호기심만의 문제가 아니다. 부정확하고 정량화 할 수 없는 요인들이 녹아있는 통계자료들이 정책을 수립하는데 무분별하게 사용되고 있기 때문이다. 사회병리에 대한 부정확한 진단은 그 자체로는 악의가 없을지라도 사회-개조론자들의 시각과 연결되면 위험해질 수 있다. 불행하게도 우리는 지난 일세기 동안에도 히틀러, 스탈린, 폴 포트와 같은 여러 유형의 사회-개조론자들의 행위와 그 결과를 지켜봐왔다. 좋은 의도를 가진 사회-개조론들조차도 사회의 안녕을 위협할 수 있다. 지식 추구와 사회여론 조성을 업으로 삼는 사람들은 그들의 작업이 초래하는 위험에 대해 별 관심이 없기 때문이다.

"게으르고 자립심이 부족하고 남한테 신세지는 것이 우리 민족의 DNA"라든가, "이게 우리 민족의 DNA로 남아 있다"는 어떤 사람의 맹랑한 발언이 온 나라를 시끄럽게 한 적이 있다. 앞서 보았듯이 인간의 행동은 유전자와 이에 영향을 미치는 환경의 상호작용 결과물이다.

인류는 오래전부터 자연에서 얻은 물질을 치료에 이용해왔다. 기원전 15세기경 고대 이집트의 〈파피루스〉에 버드나무가 해열 및 진통효과를 가지고 있다는 기록이 있으며 기원전 5세기경에 〈히포크라테스〉는 통증완화 및 해열을 위해 버드나무를 사용하였고 서기 30년경에 로마에서는 염증을 완화시키는데 버드나무 잎 추출물이 사용되었다. 그 후 버드나무 껍질에 해열과 진통효과가 있다는 사실이 널리 알려지면서 버드나무 사용량이 급증하자 버드나무를 임의로 채취, 사용하지 못하도록 통제한 결과 버드나무의 약효는 사람들에게서 잊혀졌다. 1763년에 영국의 〈스톤〉이 버드나무 껍질의 즙이 〈말라리아〉의 열을 내리는데 효과가 있음을 보고하였고 1838년에는 이탈리아의 화학자인 〈피리아〉가 버드나무에서 〈살리실산〉을 분리하였다. 그 후 많은 의사들이 〈살리실산〉을 진통, 해열 및 염증 감소를 위해 사용하였으나 신맛과 구토 등 부작용이 심하였다. 이후 1897년 바이엘 제약회사의 연구원인 〈펠릭스 호프만〉이 〈살리실산〉을 이용하여 〈아세틸살리실산〉을 합성하는데 성공하였으며 이를 아스피린이라 명명하였다.

1991년에 〈찰스 맨Charles C. Mann〉과 〈마크 플루머Mark L. Plummer〉는 〈부, 의약품과 100년의 격렬한 경쟁〉이란 부제가 붙은 '아스피린 전쟁'이라는 책을 출간하였다. 이 책은 1897년에 아스피린이 시장에 나온 이후 현재의 심장병 예방약으로서 효과 재정립까지의 아스피린과 이와 유사한 라이벌 약품에 대한 연대기年代記라 할 수 있다. 아스피린의 통증완화 및 항염증효과는 불가사의할 정도로 탁월하나 아스피린은 단 한 가지 성분, 즉 〈아세틸살리실산〉으로만 되어있다. 제1차 세계대전 후 독일이 서방세계와 상업거래가 차단된 뒤부터 〈아세틸살리실산〉이라는 화학명 대신 아스피린이라는 상표명으로 판매된 최초의 약이기도 하다. 아스피린의 명성을 뒤쫓아 〈타이레놀〉과 〈애드빌〉 같은 상품이 출시되었으며 통증완화 및 항염증 약품시장은 더욱 확대되었다. 이 책에서 저자들은 아스피린이 암을 예방한다는 최근의 보고에도 주목하고 있다. 또한 이들은 아스피린의 역사를 20세기의 법, 정치와 의학적 진보를 아우르는 미시경제학의 역사로 자리매김하기도 하였다.

약효를 갖고 있는 생물은 버드나무를 포함한 식물뿐만 아니라 미생물에서 동물에 이르기까지 매우 광범위하다. 현재까지 많은 의약품들이 식물체로부터 얻어지고 있다. 〈말라리아〉 치료제인 〈퀴닌〉은 키나나무에서, 진통제인 〈모르핀〉은 양귀비 열매에서, 마취제로 쓰이는 〈코카인〉은 코카나무에서 그리고 항암제로 쓰이는 〈택솔〉은 주목나무에서 추출되었다. 현재 사용되는 모든 처방약의 약 40%가 생물종으로부터 유래된 것이다.

오늘날 실험실에서 의약품을 합성하기도 하지만 여전히 식물은 의학적 화합물의 주요 원천이다. 현재 약 29만종의 식물이 알려져 있으며 이중 약 5,000종 정도의 식물만이 의약품의 원료로 연구되고 있다. 따라서 새로운 유용자원의 발굴 가능성은 무궁무진하다고 할 수 있다.

여기서 대두되는 것이 생물종다양성이다. 왜 생물종다양성인가? 환경변화의 도전에 직면한 우리는 이 질문에 대한 답을 잘 알고 있다. 인간에 의한 무분별한 개발이 지속되면서 멸종위기에 처한 생물종이 증가하고 있다. 이는 다양한 생물종에서 얻을 수 있는 유용한 물질이 사라진다는 것을 의미한다. 이제 생물종다양성을 지키는 것은 지구상에서 인간의 생존을 지켜주는 주춧돌임이 분명해졌다. 생물종다양성의 손실에 대한 관심이 이론적이거나 윤리적인 차원에 그쳐서는 안 된다. 인간은 지구상에 존재하는 다양한 생물종과 함께 진화되어왔고 생물종이 가진 여러 물질은 인간에게 유용한 자원으로 활용 되어왔다. 생물종다양성의 상실은 인류의 생존과 밀접한 관련이 있기 때문에 전 지구적인 차원에서 생물종다양성을 지키기 위한 노력을 경주해야 한다.

9

일주기 리듬

거의 모든 동물은 자신의 행동을 일주기 리듬에 따라 조정한다. 일주기 리듬이란 지구의 자전으로부터 발생하는 낮과 밤의 반복적인 주기이다. 일주기 리듬의 유지는 뇌에서 진행되는 생물학적 현상인 생체시계의 작동에 의하기 때문에 동물로부터 낮과 밤 주기를 차단해도 일주기 리듬은 거의 똑같은 시간표로 지속된다.

생체시계에 대한 첫 번째 증거는 식물인 〈미모사〉로부터 나왔다. 〈미모사〉는 낮에는 잎을 펼치고 밤에는 시들기 때문에 이전에는 〈미모사〉가 햇빛에 단순반사운동을 한다고 생각했다. 그러나 〈미모사〉를 암 처리했을 때조차도 일정한 주기에 따라 잎이 펼쳐지고 시든다는 결과로부터 〈미모사〉가 빛에 반응하는 것이 아니라 내부에 생체시계를 가지고 있다는 것을 알게 되었다.

밝음과 어둠, 온도, 습도 같은 환경적 시간의 단서들을 자연시계(zeitgeber)라 한다. 자연시계의 존재 하에 동물들은 낮밤 리듬에 동조화되고 24시간 활동주기를 유지한다. 이런 시스템에서 지속적인 시간적 오류는 생체시계의 혼란을 초래한다. 뇌에 존재하는 생체시계는 불완전하기 때문에 때때로 재설정이 필요하다. 예를 들어 24.5시간 주기는 3주내로 동물의 활동시간대를 낮 시간에서 밤 시간으로 완전히 바꿀 수 있다.

인간 역시 모든 가능한 자연시계로부터 독립적이지 못하다. 기계소리나 히터의 작동소리 등 모든 환경 자체가 미묘한 시간 단서를 제공한다. 가장 극적인 환경 중의 하나는 깊은 동굴이다. 동굴 안에 있는 사람들에게 여러 달 동안 계속해서 자고 일어나는 것, 불을 끄고 켜는 것, 식사 등 자신만의 활동 스케줄에 따라 행동하도록 했을 때 처음에 그들은 25시간 리듬으로 안정화된다. 그러나 며칠에서 몇 주 후 그들의 활동주기는 놀랍게도 30~36시간의 긴 리듬을 갖게 된다. 예를 들어 그들은 연속해서 20시간 이상 깨어 있다가 12시간가량 잠을 자는 식으로 패턴이 바뀌게 된다. 이런 조정은 먼 곳으로 여행하면서 느끼는 '제트 피로'와 같은 현상이며 최상의 치료법은 밝은 불빛으로 이것은 신체의 생체시계를 재설정시켜 준다.

현대인들은 바쁜 생활방식, 스트레스, 소음 등으로 신체 내부 리듬이 교란 받고 있다. 외부 환경이 어떻게 내부 환경에 영향을 미칠까? 2013년에 〈마이너스 D. S. Minors〉와 〈워터하우스 J. M. Waterhouse〉는 〈일주기 리듬과 인간〉이라는 책을 출간하였다. 이들의 주장은 "깨어나고 잠드는 일상의 리듬은 우리의 육체적, 정신적 건강을 안정화시킨다"는 것이다.

인간의 일주기 리듬을 심하게 교란시키는 것은 낮밤이 바뀌는 것으로 이는 산업화 국가의 공통적인 현상이다. 오늘날 남성 노동자 4명 당 1명, 여성 노동자 6명 당 1명이 건축물과 장비의 효율적 사용을 위해서 낮밤이 바뀌는 작업환경에서 일하고 있다. 그 파급 효과로 더 많은 식당과 술집 그리고 운송업 종사자들이 하루 24시간 영업을 하게 되고, 더 많은 의료관련 종사자들이 사고 희생자들을 돌보기 위해 24시간 근무하게 된다.

일주기 리듬 교란을 줄이기 위해 많은 회사들이 시차적 3교대 방식의 작업 시간을 3~4주 단위로 조정하는 〈그레이브야드 시프트 graveyard shift〉로 옮겨가고 있다. 그러나 신체가 내부시계를 조정하는 데는 4~14일 정도 소요되기 때문에 이 기간 역시 짧기는 마찬가지다. 노동자들의 수입이 줄어든다는 문제 때문에 논란의 여지는 있지만 삶의 질을 생각한다면 꼭 필요한 시스템이다.

낮밤 교대 근무 노동자들은 낮 근무 노동자들에 비해 위궤양, 주의력 산만, 불면증과 우울증 등의 발병 확률이 훨씬 높으며 특히 주의력 산만 때문에 엄청난 재앙이 초래된 예는 부지기수다. 그 예로 미국 펜실베이니아에 있는 쓰리마일 섬의 원전사고를 들 수 있다. 사고 당일 새벽에 조정실에서 근무 중이었던 세 명의 직원들은 경고 사인을 인식하지 못하였고 십자 밸브가 열려있는 것을 발견하지 못하였다. 아침 교대 근무자들이 조정실에 들어가자마자 바로 문제를 발견하였으나 이미 늦어 시스템 파이프가 폭발하여 방사성 증기와 물이 공기 중으로 분출되고 있었다.

1986년 4월에 일어난 소련 연방의 체르노빌 사고는 훨씬 더 심각했다. 두 명의 엔지니어가 새벽 시간에 반응로를 점검하던 중 중요한 안전 시스템을 해제하는 실수를 범하였다. 이 실수로 반응로 내부에 증기가 농축되어 원자로 안전 격납고의 지붕이 파괴되었고 두꺼운 방사능 구름이 하늘로 치솟아 유럽과 세계로 퍼져나갔다. 지금도 체르노빌은 죽음의 땅이다.

쓰리마일 섬과 체르노빌의 사고는 노동자들이 정확한 판단을 내리기 부적절한 시간에 작업을 진행한 결과라 할 수 있다. 너무나도 많은 선박 사고, 비행기 사고, 자동차 사고 및 의료 사고 등이 신체의 일주기 리듬에 대항하는 고집의 결과로 일어나는 판단 착오에 의한 것이다.

'시골은 천사가 만들었고 도시는 악마가 만들었다'는 시구가 있다. 예전 같으면 여름밤에 마당에서도 반딧불이를 볼 수 있었고 평상에 누워 별을 헤기도 했다. 지금은, 반딧불이를 보려면 무주 '반딧불이 축제'에 가야하고 메뚜기를 잡으려면 김제 '지평선 축제'에 가야 한다. 현대의 인간들은 24시간도 모자라게 정신없이 생활하고 있다. 산업화와 탐욕이 우리에게 주는 형벌은 실로 가혹하고 앞으로 그 강도는 더해질 것이다. '새들도 밤에는 잠을 잔다'는 시구처럼 인간의 생활양식도 단순화되어야 한다.

10

복제양 둘리

창조에 대한 정의는 다양하겠지만, 많은 사람들이 동의하는 것은 창조된 것이 완전한 변화를 이끌 새로운 아이디어이거나 새로운 영역을 개척한 경우를 이를 것이다. 1997년 영국 로슬린 연구소의 〈윌머트〉와 〈캠벨〉은 6년생 암양의 가슴샘에서 채취한 체세포 핵으로부터 양을 성공적으로 복제하였다고 발표하였다. 이것이 포유류 최초의 복제이다. 이 실험을 위해 연구자들은 암컷 양의 가슴샘에서 채취한 세포로부터 분리한 핵을 핵이 제거된 난자와 융합시켰다. 이렇게 만들어진 배아를 대리모의 자궁에 착상하여 낳은 새끼가 〈돌리〉이다. 따라서 〈윌머트〉와 〈캠벨〉은 〈돌리〉의 '신'이라 할 수 있다.

연구자들은 공여자 체세포 핵을 암양의 가슴샘에서 채취한 것에 착안하여 가슴이 아름답기로 유명한 컨트리송 가수 〈돌리 패튼〉의 이름을 따 〈돌리〉로 작명하였다. 물론 〈돌리 패튼〉에게 이름을 차용하고자 양해를 구했을 때 본인은 영광이라면서 흔쾌히 사용을 허락하였다.

복제양 〈돌리〉의 탄생은 〈다윈〉의 진화론

에 이어 세기에 영향을 끼칠 창의적 업적이자 0.4% 성공률의 노동 집약적 연구 결과물이다. 〈돌리〉의 탄생은 20세기의 가장 흥분되고 도전적인 과학적 성취였다. 이후 2001년에 〈윌머트〉와 〈캠벨〉은 작가 〈콜린 터지〉와 함께 그들의 경험을 토대로 〈제2의 창조〉라는 책을 출간하였다. 이 책은 〈윌머트〉와 〈캠벨〉의 자서전 성격을 띠고 있기도 하다. 또한 복제에 대한 역사를 기록하고 있으며 인간 복제에 대한 윤리적인 질문들을 담고 있다.

과학은 '유레카 순간'의 연속에 의해 지속된다. 그래서 〈제2의 창조〉는 독자들의 복제에 대한 이해 여부를 떠나 과학과 기술에 대해 생각해 볼 수 있는 기회를 제공해 줄 것이다. 이 책에서 그들은 그들의 가설과 실험, 결론 그리고 연구 성과의 의미를 설명하고 있다. 앞으로, 배양된 포유동물 세포는 매우 가치 있는 공여물질이 될 것이며 유전적으로 조작된 동물의 장기가 인간에게 이식될 것이다. 예를 들어, 정상적인 돼지 장기를 인간에게 이식하면 인간의 면역계에 의해 쉽게 파괴되나 만약 유전적으로 변형시킨다면 이용 가능한 장기의 부족 사태를 완화시켜줄 것이다.

〈돌리〉의 탄생 발표 후 저자들이 경험한 것을 정리한 것도 흥미롭다. 〈윌머트〉 는 체세포로부터 양을 복제할 수 있다면 다음은 사람 차례일 것이란 논평가들의 인식이 불만이었다. 복제 연구에서 기념비적 사건이라 칭송한 사람들조차도 그런 아이디어를 증오하였다. 〈윌머트〉는 많은 사람들이 그에게 자신들의 잃어버린 사랑하는 사람을 복제할 수 있는가를 물어왔다고 적고 있다. 이것이 일반 사람들의 생활과 의식에 미치는 〈돌리〉의 효과였는데, 그러한 바램은 〈돌리〉의 탄생이 즉시적이며 정확한 복제라는 잘못된 인식에서 비롯되었다.

〈윌머트〉그룹의 생각은 인간 복제와는 거리가 멀다. 인간 복제에 대한 전망은 우리에게 극도의 불안감을 일으킨다. 신체적으로도 위험하고 복제된 아이의 심리 상태도 복잡할 것이며, 결론적으로 의학적 판단을 내릴 수 없는 정체라는 사실을 알게 될 것이다. 〈돌리〉를 탄생시키는데 사용된 기술은 훨씬 광범위한 중요성을 지니고 있다. 시간이 지남에 따라 복제에 관련된 과학과 기술은 인간 생활의 많은 측면에 영향을 끼칠 것이다. 〈돌리〉의 탄생 이전에 과학자들은 복제기술 또는 복제과정이 생물학적으로 불가능하다고 단언했으나, 현재는 그런 표현이 생물학적으로 불가능하다는 것이 입증되었다. 과학의 입장에서 21세기의 인간의 야망은 단지 물리학 법칙, 논리적 규칙, 옳고 그름에 대한 인간의 인식과 결합되어 있을 것이다.

〈윌머트〉 등의 연구는 유전공학, 유전체학과 복제기술의 3박자가 조화된 것이다. 이들은 유전자와 환경 사이의 상호작용에 대한 과학적 모델을 제시하기도 하였다. 유전자와 환경간의 대화는 생물체의 발생, 즉 하나의 수정란으로부터 인간이나 참나무 같은 개체로의 발생을 조절한다. 대화는 일부 세포에게 뇌가 되도록 지시하는 한편 다른 것들은 간이나 폐 또는 수백 가지의 다른 기관들을 만들도록 한다. 대화는 분화과정을 규정한다. 돌연변이는 유전자와 환경간의 대화에 문제가 생긴 탓이다. 대화는 동물이 태어나서도 평생 이어지며 이 대화가 잘못되면 유전자는 조절을 벗어나 빠른 성장을 하게 되고 결국 암으로 전환될 수도 있다. 인간은 유전자와 환경 사이의 대화의 본질을 이해하기 시작했으며 이러한 이해는 과학적 탐구과정을 통해서 이루어진다. 과학은 순수한 차원에서 원래 알려진 대로, 그리고 기술을 생산해 낼 필요가 없다는 차원에서 '자연철학'(Philosophy of Natural Science)이다.

〈윌머트〉 그룹은 기존 동물의 유전적 복사물을 생산하기 위해 연구를 시작하지는 않았다. 로슬린 연구소에서 그들의 광범위하고 장기적인 야망은 동물의 유전적 '형질전환'과 분리된 동물 및 인간의 조직과 세포를 이용하여 의학, 농업, 생물종보존과 순수과학 등 다양한 분야에 사용될 수 있는 유전공학에 놓여 있었다. 복제기술에 대한 미래의 오용 가능성은 단지 일반인들의 상상에 지나지 않는다. 자연적이라는 것이 반드시 옳거나 비자연적이라는 것이 반드시 틀린 것은 아니다.

11 죽음의 의미

인체는 하나의 수정란으로부터 유래한다. 신생아는 약 1조개의 세포로 이루어져 있으며 성인이 되어서도 매일 수십억 개의 세포들이 분열함으로써 손상되거나 낡은 세포들을 대체한다. 즉 고등생물에서 세포분열의 역할은 죽은 세포를 교체하는 것이다. 세포는 두 가지 방식으로 죽는다. 첫 번째 종류인 괴사는 세포가 기계적 도구나 독소에 의해 손상되거나 영양소가 부족할 때 일어난다. 다른 세포죽음 방식은 세포자살이다. 세포자살은 세포의 죽음으로 이어지는 프로그램화된 일련의 과정이다.

사람의 개별 염색체는 DNA 복제 및 세포분열 시 약 50~200 염기쌍 정도의 말단소체(염색체 끝 부분) DNA를 잃게 된다. 20~30회 분열 후에 염색체는 더 이상 세포분열에 참여할 수 없게 되고 그래서 세포는 죽게 된다. 이 현상은 많은 세포계통이 한 생물의 일생동안 지속되지 못하는 부분적인 이유다. 하지만 골수줄기세포와 정자형성 세포처럼 지속적으로 분열하는 세포는 말단소체 DNA를 계속 유지시켜주는 말단소체복원효소가 존재하여 이들 세포에서 잃어버린 말단소체 DNA 서열을 회복시켜 준다. 이러한 말단소체복원효소는 인간에서 발견되는 암의 90% 이상에서 발현된다. 대부분의 정상 세포는 이 능력을 가지고 있지 않기 때문에 세포의 수명이 유한하며 노화가 진행되는 이유의 일부이기도 하다. 배양중인 사람 세포에 고농도의 말단소체복원효소 유전자를 발현시키면 말단소체는 짧아지지 않고 세포는 영생한다.

사람이 죽게 되면 사체에 다양한 분해자가 몰려오게 되는데 사체에 시식하는 종 군집은 시간과 부패가 진행됨에 따라 달라진다. 물론 완전 분해에 이르는 시간적 규모는 며칠에서부터 몇 천 년에 걸쳐 일어날 수 있다. 이러한 먹이망을 통한 에너지의 흐름은 〈열역학 제1법칙〉과 〈열역학 제2법칙〉을 따른다. 즉 인간의 죽음이란 생태계적 입장에서 보면 한 영양단계에서 다른 단계로 에너지의 전반적인 전달과정이라 할 수 있다.

죽음은 숙명이지만 죽음을 대하는 문화 역시 다른 사회 분야와 마찬가지로 엄청난 변화를 겪어왔다. 예전엔 죽어가는 사람이 죽음의 주연이었지만 지금은 의사와 간호사가 주연이고 정작 본인은 병원이나 요양원을 찾는 손님 중의 한 사람일 뿐이다.

죽음에 대한 문화적 변화를 추적한 사람이 〈필리프 아리에스 Philippe Aries〉이다. 그는 1973년에 존스 홉킨스 대학에서 행한 강연과 1966년~1975년 사이에 발표한 12편의 논문을 모아 〈죽음의 역사〉를 출간하였다. 그는 인간의 영원한 거주지인 묘지로부터 죽음과 문화의 관계를 파악하고자 노력하였으며 20세기 미국의 상업화된 죽음의 이미지를 추적하였다.

죽음의 문화적 측면에서 가장 큰 변화는 수천 년 동안 인간은 자신의 죽음과 그 죽음의 국면을 지배하는 주권자로 존재해 왔으나 오늘날에는 그런 위치를 박탈당했다는 것이다. 인간은 시대가 흐를수록 그리고 사회화와 도시화가 진전될수록 자신의 죽음에 대한 준비를 자신의 주위 사람들에게 더 의존하게 되었다. 근대사회는 인간으로부터 그의 죽음을 탈취한 것이다.

〈아리에스〉는 '죽음에 대한 인간의 태도'를 '길들여진 죽음', '자신의 죽음', '타인의 죽음', '금지된 죽음'의 네 영역으로 나누었다. '길들여진 죽음'은 전前 기독교 시대에서 초기 중세까지 해당되는 것으로 이 시대 사람들은 죽음을 영원한 수면으로의 이동으로 단순하게 받아들였다. 죽음은 사회적이었으며 장례절차는 그 사회에서 중심이었다. 이때까지의 죽음은 죽어가는 자者가 주인이었으며 변화에 순응하는 한 죽음에 대한 전통적 태도는 무기력과 지속성의 총량으로 생각하였다. 인간은 죽음 속에서 종種의 법칙들을 감내하며 그것을 피할 생각도 찬양할 생각도 하지 않았다. 그 시대의 인간은 종의 집단적 운명에 순종하였다.

〈아리에스〉는 당대 작가들의 문학 작품에서 자신의 이론적 자양분을 찾아내 죽음을 둘러싼 삶의 양식을 꿰뚫어 보기도 하였다. 예를 들면 돈키호테는 자신의 삶을 이미 자신의 망상 속에서 소모시켜 버렸기 때문 자기의 죽음을 회피하려 하지 않았다. 오히려 죽음을 예고하는 신호들이 그를 이성으로 이끌어간다고 설명하였다.

'자신의 죽음 시대'는 중세에서 후기 중세 시대에 해당된다. 근대에 들어서면서 인간은 자신의 고유한 실존에 대한 인식의 중요성을 터득하였다. 즉 18세기부터 서구 사회의 인간은 죽음을 찬양하고 극대화시키면서 그것에서 감동을 얻고 그것을 독점하려는 경향을 보였다.

'타인의 죽음'과 '금지된 죽음'은 가장 현대화된 민속이라 할 수 있다. '타인의 죽음'은 낭만주의 운동 시기와 상응하며 '금지된 죽음'은 제2차 세계대전 후의 미국 모델로 설명하고 있다. 이 시대의 죽음은 일련의 작은 단계들로 해체 · 분할되었다. 이제 죽음은 진료의 중단을 통해서, 즉 의사와 진료 팀의 결정을 통해서 획득된 기술적 현상이 된 것이다.

죽음에 대한 특정 시대의 사회가 갖는 태도의 대부분은 그 당시의 위생학 및 의학지식에 근거한다고 말할 수 있다. 철저하게 위생적으로 관리되는 현대의 병원에서 죽어가는 사람들은 제도화된 의학적 기술을 반영한다. 〈죽음의 역사〉는 죽음을 둘러싼 절차와 상징을 통해 각 시대에 따라 인간이 죽음을 어떻게 받아들였으며 죽음의 공포를 어떻게 극복하고자 노력하였는지를 보여주고 있다. 〈아리에스〉는 '죽음의 시대'가 죽음과 연관된 우리의 인식 단계에 따라 점차 진화적으로 변화해왔으며 각 단계는 인간본성의 실제적 재정의를 나타낸다고 설명하였다.

12

침묵의 봄

생물과 환경의 상호관계에 대한 연구 분야인 생태학은 생물권에서 인간의 역할에 대한 통찰력을 제공해 준다. 〈자연을 통제한다〉는 생각은 인간 위주의 오만한 표현으로 자연이 인간의 편의를 위해 존재한다고 여기던 때의 유물이다.

환경문제를 본격적으로 제기한 인물이 〈레이첼 카슨Rachel Carson〉이다. 〈카슨〉은 뛰어난 해양 생물학자이자 훌륭한 작가였다. 1962년에 그녀는 〈침묵의 봄(Silent Spring)〉을 출간하였다. 이 책은 산업화의 폐해를 강력하게 비난하여 미국과 유럽에서 대중의 생태학적 경각심을 일깨웠다. 또한 '지구의 벗들'과 '그린피스'가 '침묵의 봄' 출간에 자극받아 조직되기도 하였다.

인간의 활동으로 인한 환경문제는 수십 년 전부터 있어왔지만 1960년대까지 이를 인식한 사람은 거의 없었다. 기술은 빠르게 발달해왔고 인류는 오랫동안 풍요를 누리는 것처럼 보였다. 이 시기에는 화학비료의 사용과 DDT 같은 살충제의 살포로 작물의 생산량이 대폭 증가하였다.

그러나 DDT의 대량살포 결과 DDT가 포식성 조류에 직접 영향을 미친다는 사실이 보고되었다. 또한 살충제가 뿌려진 지역과 멀리 떨어진 지역에서도 그 영향이 나타났으며 심지어 인간의 모유에서 DDT가 검출되기도 하였다. 특히 DDT의 장기간에 걸친 사용은 DDT에 내성을 가진 곤충을 출현시켜 살충제의 효과가 감소되었다.

이럴 즈음 〈카슨〉이 〈침묵의 봄〉을 들고 나섰다. 〈카슨〉은 DDT 보다 더 강력한 살충제들이 출시될 때마다 일반 대중에게 그 위험성을 강하게 주장하였다. 〈카슨〉은 농업이나 살충제 관련 기업들로부터 강한 비난을 받았는데 미국의 거대 화학회사들은 그녀와 출판사를 고소하기도 하였다. 이러한 시도가 실패하자 그들은 〈카슨〉과 그녀의 과학을 폄하하는 공적인 캠페인을 벌이기 위해 25만 달러를 투자하기도 하였다.

〈침묵의 봄〉저술은 용감한 활동이었다. 당시 미국에서는 정부 정책에 대한 합법적인 비판조차도 위험한 행동이었다. 과학기술 분야에 종사하는 사람들은 자유세계의 구세주이자 번영의 신탁자로 숭배 받았다. 〈침묵의 봄〉에서 〈카슨〉은 이들 전문가들을 공적 검증의 장으로 이끌어냈다. 이런 면에서 이 책은 단순한 생태학적 경고만을 다룬 게 아니라 전후 과학의 온정주의에 대한 습격이었다.

〈침묵의 봄〉은 〈카슨〉에게 경제적 이익을 안겨주기도 하였다. 이 책은 그녀가 죽은 1964년 4월까지 약 100만 권이 팔렸다. 그녀의 관점이 널리 알려지자 〈존 F 케네디〉 대통령은 〈과학자문위원회〉

에 그녀의 주장을 검증할 것을 지시하였으며 그 보고서 덕에 〈카슨〉은 명예를 회복할 수 있었다.

살충제의 광범위한 사용은 독성 성분이 먹이사슬을 통해 축적되어 인류까지 위험에 처하게 된다. 책 출간 10년이 지난 후 비로소 미국 내에서 DDT의 생산과 사용이 금지되었으며 영국에서는 그 몇 년 뒤에 사용이 금지되었다.

〈카슨〉의 적들은 〈말라리아〉로 수많은 아프리카인들이 죽어가는 것은 DDT 사용 금지 때문이며 그렇기 때문에 〈카슨〉을 많은 사람들을 죽인 대량 살육자라 강박하였다. 〈나오미 오레스케스 Naomi Oreskes〉와 〈에릭 콘웨이Erik M Conway〉 같은 과학사가들은 DDT가 먹이사슬에 축적되는 것 때문만이 아니라 DDT에 저항성을 갖는 모기가 출현하였기 때문에 생산 및 사용을 금지시켰다며 이들의 주장을 반박하였다. 그럼에도 불구하고 일부 집단은 현재의 말라리아 창궐이 〈카슨〉 때문이라고 비난하였다.

사실, 〈카슨〉의 경고는 DDT와 그 유사 화학약품에 의해 가해진 위협이라는 관점과 인류가 직면한 생태적 위험 모두에 아직까지도 유효하다. "바다는 육상의 공포를 증언하고 있다"라고 그녀는 말하였다. 바다는 최종적인 저장소이다. 토양에서 씻겨나간 화학물질들은 지류와 강으로 흘러든 다음 궁극적으로 바다 바닥에 축적된다. 그러나 바닥에 사는 패류와 저서어류를 포획하기 위해 저인망 어선이 바닥을 지속적으로 훑는 관계로 DDT를 포함한 독소들은 끊임없이 물속에서 교반된다. 육상에서도 마찬가지다. 종자 소독에 쓰이는 살충제인 〈네오니코티노이드〉는 꿀벌의 군락 붕괴 질병과 관련이 있다. 그러기에 〈카슨〉은 말한다. "화학전쟁은 결코 이길 수 없고 모든 생명체는 폭력적 협공에 시달리고 있다"

시간이 지남에 따라 〈카슨〉의 교훈은 잊혀지고 있다. 〈카슨〉은 인간이 자연과 균형을 이루어야 한다고 믿었다. 〈침묵의 봄〉은 자연의 모든 것은 서로 연관되어 있다는 명백하고도 중요한 메시지를 제시하였다. 그녀 때문에 인간은 야생 생물들을 함부로 다루지 않고 먹이사슬의 취약성을 이해하게 되었으며 이러한 것들을 바탕으로 강력한 녹색운동을 펼쳐올 수 있었다. 그러나 지금의 환경은 더 좋아졌는가? 우리는 지구를 잘 보존하고 있는가? 또는 이전보다 더 위험해졌는가? 〈침묵의 봄〉이 출판된 지 50년이 지난 지금 지구는 더 온난화되었으며 해수면은 더 상승하고 산호초는 파괴되었다.

13

후회의 감정

우리가 사용하는 자동차를 오랫동안 좋은 상태로 유지하기 위해서는 규칙적인 점검, 양질의 연료 사용 및 청결 유지 등의 적절한 조치가 필요하다. 그렇다면 그 자체로 완전한 기계라 할 수 있는 신체에 대해 우리는 그렇게 주의 깊게 관리하고 있는가? 안타깝게도 우리들 중 거의 대부분은 그렇지 못하다.

최근 미국의 자료에 따르면 고콜레스테롤증과 동맥염증 같은 심장질환 위험요인들은 빠를 경우 3세부터 시작된다고 한다. 11세에 이르면 전체 어린이의 13%가 정상보다 높은 콜레스테롤 수치를 보여준다. 2~18세 어린이 중 19%가 비만이고 30%가 과체중이라 보고되고 있다. 전문가들은 인간이 평생 육체적 건강을 유지하기 위해서는 건강한 식이와 함께 어린이들로부터 90세에 이르기까지 누구나 할 수 있는 유산소운동, 근력운동과 스트레칭 등을 권고한다.

우리들은 살아가면서 거의 모든 일을 두고 "그때 왜 그랬을까"하는 후회를 하곤 한다. 미국의 시인 〈휘티어〉는 그의 '모드 멀러'라는 시에서 〈혀 또는 펜으로부터 나오는 모든 슬픈 단어 중에서 가장 슬픈 것은 '지나가 버렸다'〉라고 한탄하였다.

매혹적이나 위험한 곳에 투자할 기회가 있었는데 하지 않았다가 후에 누군가가 그 투자로 큰돈을 벌었다는 것을 알았을 때 또는 한때 열렬히 좋아했던 연인이 다른 사람과 결혼을 하게 되었을 때 우리는 어떤 기분이 들까? 인간은 언제나 지나간 일에 대한 후회와 아쉬움에 가슴 아파한다.

최근의 연구 결과, '만약 그때 어쨌으면'하는 선택에 대한 후회를 하는 것이 나이를 먹어 가면서 인간의 정신건강에 나쁘지 않다는 것이 밝혀졌다. 인간의 뇌는 예전의 선택에 대한 후회를 완화시키는 능력을 갖고 있으며 이 때문에 정상적인 개인 및 사회생활이 가능한 것이다.

기회 상실에 대한 후회를 빨리 잊는 것이 건강하게 나이를 먹는데 중요한 열쇠이다. 연구자들이 건강한 청년(평균나이 25세) 집단과 건강한 장년 집단(평균나이 66세) 및 우울증을 앓고 있는 장년들이 어떻게 후회에 반응하는지를 조사한 결과, 청년 및 장년 우울증 환자들은 기회상실에 대한 후회를 간직하고 있는 반면 건강한 장년들은 신속하게 후회를 떨쳐버렸다는 것을 발견하였다.

기회 상실에 대한 후회의 정도를 측정하기 위해 연구자들은 '위기관리 게임'을 채택하였다. 참가자들은 컴퓨터 화면에 나열된 10개의 나무상자를 열어 내용물을 확인하는데 10개 중 9개의 상자에는 금이 들어있으며 한 상자에는 악마 인형이 들어있고 참가자들은 상자를 개봉해야만 그 내용물을 확인할 수 있다. 중요한 것은 참가자들이 얻은 금을 현금 형태로 일정 포인트까지 적립할 수 있으나 다음 상자에서 악마인형이 나오면 적립한 현금은 몰수된다.

참가자들이 상자를 열었을 때 악마 인형이 나오면 어떻게 반응할까? 악마 인형이 바로 다음 상자에서 발견되면 이 게임은 큰 배팅이 아닐 수 있다. 그러나 악마 인형이 들어있는 상자가 훨씬 뒤쪽에 위치할 수도 있다. 이 경우, 게임 참가자들은 그 동안 적립한 잠재적 수입을 모두 잃게 되며 이로 인해 후회의 감정이 유도될 것이다.

참가자들이 '악마 인형 게임'을 하는 동안 그들의 기능성 MRI 뇌스캔을 조사한 결과, 건강한 장년 참가자들은 후회 경험 동안 배측선조체(후회를 경험할 때 활성을 띠는 뇌 부위)가 활성을 띠었으나 다음 판에서 더 많은 돈을 잃었을 때는 활성이 현저하게 감소되었다. 이것은 건강하게 나이를 먹은 사람의 뇌는 청년 및 장년 우울증 환자들과는 다른 방법으로 후회를 처리한다는 것을 의미한다.

또한 건강한 장년 참가자들의 전대상회(감정을 조절할 때 활성을 띠는 뇌 부위)의 활성도 다른 두 집단보다 훨씬 더 증가하였다. 판이 커지고 더 많은 돈을 잃게 되면 전대상회 부위의 활성이 더욱 증가하였는데 이것은 뇌가 그들의 후회 경험을 강하게 완화시킨다는 것을 보여주는 것이다.

한편, 건강한 장년 참가자들이 '악마 인형 게임'을 하는 동안 감정동요를 나타내는 지수인 심박수를 측정한 결과 그들이 기회 상실에 처했을 때도 일정하게 유지되었으나 청년 및 장년 우울증 환자들은 많은 돈을 잃었을 때 심박수가 현저하게 감소되었다. 이러한 실험을 통해 알 수 있는 것은 나이든 사람의 뇌는 기회 상실에 따르는 부정적인 후회 감정을 효과적으로 완화시킨다는 것이다. 이것은 나이든 현자들의 모습을 통해서 생활 속에서도 확인할 수 있다. 경륜과 지혜는 학습뿐만 아니라 생물학적 반응의 진화 결과물이기도 하다.

왜 이런 능력이 나이든 사람의 뇌에만 존재하는가? 나쁜 스트레스와 부정적 감정은 육체적 건강과 기대수명에 영향을 미칠 수 있다. 그러나 젊었을 때 기회 상실에 대한 고통을 느끼는 것은 미래에 보다 나은 결정을 내리는데 도움이 될 것이다. 나이가 들면 미래는 더 작아지므로 이러한 기회를 통하여 이전의 실수를 교정해야 할 것이다.

Ⅱ. 과학기술과 문명

1 과학적 전체주의

인공적 세계를 건설하면 할수록 인간은 자연으로부터 소외된다. 이것은 1958년에 〈한나 아렌트〉가 기술시대의 인간의 생태적 지위에 대해 조망하면서 한 말이다. 〈인간의 조건〉은 정치와 사회, 노동과 작업, 과학기술시대의 인간의 위상 등을 탐구한 그녀의 영향력 있는 서술 중의 하나이다. 〈아렌트〉가 제기한 과학기술에 대한 중요한 질문은 “어떤 종류의 세계를 만드는가?”이다. 〈아렌트〉는 인간의 본성에 관한 회의懷疑를 통해 과학기술은 정치적 과정의 지배를 받는다는 단순한 명제를 이끌어냈다.

과학에 대해 얘기할 때 많은 과학자들이 동의하지 않는 한 가지가 있다. 그것은 과학은 태생적으로 정치적이며 과학의 실행은 정치적 행위라는 것이다. 그들이 반응하는 것처럼 과학은 정치와 전혀 관련이 없는가? 〈프랜시스 베이컨〉은 “지식과 권력은 병립한다. 따라서 권력을 증가시키는 방법은 지식을 축적하는 것이다”라고 말했다. 과학은 지식의 경계를 밀어내고, 윤리와 도덕을 끊임없이 순화시키는 특성을 가지며 그 밖에도 계급적 권력 구조를 파괴하고 지식의 축적을 추동하여 궁극적으로 정치에 영향을 미치게 된다.

과학의 정치학은 낯설지 않다. 예를 들어 1610년에 〈갈릴레오〉는 망원경을 통한 그의 관찰을 기록하였을 뿐인데도 정치적인 행위를 하였다. 그는 1543년에 〈코페르니쿠스〉가 옳다고 증명한 것, 즉 목성은 달을 가지고 있고 금성은 위상공간을 가지고 있다는 매우 단순한 관찰을 기술記述하였다. 그러나 관찰 가능한 사실에 대한 기술은 그 당시 권력 구조의 지지를 받거나 또는 도전을 받는 정치적인 행위이다. 과학자가 '지구는 태양 주위를 돈다' 또는 '인간의 활동에 의해 기후가 변한다' 등의 사실적 주장을 할 때마다 특정 집단의 이해관계에 따라 지지받거나 탄압받을 수 있다. 교회는 왜 그렇게 터무니없이 〈갈릴레오〉를 대하였는가? 동일한 이유로 오늘날 기후변화 같은 이슈에 대해서도 정치적인 싸움이 벌어지고 있다.

1950년대에 〈아렌트〉는 "인공세계를 건설하면 할수록 인간은 자연환경으로부터 소외된다"며 과학적 전체주의를 경계한 바 있다. 관찰을 통한 사실 확인은 매우 강력한 힘을 가지고 있다. 따라서 과학은 자연의 피속박체인 인간을 자연에서 구출해야 한다는 맹목적 신념과 방향성을 가진 부류가 상당히 많은 것이 현실이다. 〈아렌트〉는 불가능한 것을 가능하게 만들려는 과학기술의 시도가 바로 과학적 전체주의이며 기술시대의 악이라 설파하였다. 인간은 자연의 일부분으로서만 존재할 수 있다. 그러므로 과학기술은 생태계 내의 인간의 지위가 유지되는 한도 내에서만 인공세계를 만들어야 한다.

우리는 과학과 사회 모든 분야에서 획기적인 변환기에 살고 있다. 지금의 세상은 이전에 결코 경험해보지 못한 무매개 접촉 시대이다. 과학기술은 모든 인류를 한데 묶었으며 중동에서의 전쟁을, 보스니아에서의 인종청소를, 아프리카에서 질병과 기근으로 죽어가는 사람들을 생중계로 볼 수 있게 하였다. 과학기술은 우리가 살고 있는 집과 먹는 음식 그리고 자동차와 여러 가전제품에 이르기까지 모든 인간 활동의 기초 토대를 형성한다. 이러한 기술적 혁신에도 불구하고 많은 역설이 여전히 존재한다. 선진 사회에서는 부富의 많은 부분이 건강과 휴양에 쓰여 지고 있으나 후진국에서는 기근과 명분 없는 전쟁 등으로 인해 인간의 삶이 황폐해지고 있다. 과학의 발전이 말라리아 같은 질병의 퇴치에 큰 기여를 한 것은 사실이나 세계 인구의 약 절반이 〈부 결핍 질병〉이라 불리는 다른 기생성 질환으로 고통 받고 있다.

과학은 우리 주변의 모든 현상에 대해 보편적인 시야를 제공해 줄 수 있다. 과학은 기아와 전쟁을 없애는 데 기여해야 하며, 우리가 살고 있는 이 지구를 온전히 지키는데도 그 역할을 해야 한다. 이러한 일은 과학 자체의 힘만으로 되는 것은 아니고 경제력과 정치적 의지가 필요하다. 사회에 대한 과학의 영향과 비슷하게 과학에 미치는 사회의 영향도 쉽게 찾아볼 수 있다. 사회는 과학이 여러 문제들을 해결하는데 필요한 강력한 방법을 가지고 있다고 믿는다. 그러나 과학을 장려하는 사회는 경리부장 같은 입장으로 대부분의 과학자들이 갖고 있는 장기적 관점보다 훨씬 짧고 좁은 관점을 가지고 있다.

정부는 과학적 발견이 시민의 건강과 부 같은 사회적 목적에 크게 기여한다는 사실 때문에 연구비를 지원한다. 그러나 과학적 연구의 상당수는 인간을 생태계 사슬에서 이탈시키는 인공세계를 건설함으로써 결과적으로 인간조건을 벗어나게 한다. 이런 면에서 〈아렌트〉가 설파했던 자연속의 인간상을 다시 조명해볼 필요가 있다.

2

자원의 고갈

우리의 삶은 과학기술의 발전에 크게 영향받고 있다. 과학기술의 발달 덕에 인간은 더 건강하게, 그리고 편안하면서도 더 오래 살게 되었다. 과학기술의 발달이 인간의 삶에 지대한 공헌을 한 것과 비례하여 인간을 위협하는 현상도 쉽게 목격할 수 있다. 과학기술자들이 인정하든 안 하든 과학기술의 발전은 우리 인간과 지구에 엄청난 위협이 되고 있다. 지구 온난화, 핵 재앙, 통제되지 않은 군사 무기들을 생각해보라. 과학기술자 집단은 한 때 과학기술의 이점에 대해서 좀 더 소통을 확대하면 이러한 잘못된 사용을 억제할 수 있다고 믿었다. 그러나 이제는 과학기술의 발전 및 응용에 공공의 약속이 필요하다는 것이 명확해졌다.

우리는 요즘 화석연료의 과다 사용 및 고갈로 인한 전 지구적인 환경문제에 대한 경고를 자주 접하게 된다. 이 경고에 대한 답을 저탄소경제에서 찾을 수 있을 것이다. 저탄소경제로의 전환은 화석연료에 대한 의존을 크게 줄이면서 인간이 지속 가능한 번영을 누릴 수 있을 것이란 희망을 주고 있다. 이 문제는 전 지구적인 문제이며 이를 선도적으로 해결할 수 있는 능력을 갖추는 것이 세계적인 지도력을 갖게 할 것이다. 저탄소경제로의 진입을 시도한다면 이것은 일종의 보험을 드는 것이라 할 수 있다. 즉, 장래 우리에게 닥칠 재앙을 막을 뿐만 아니라 지구 온난화라는 우울한 전망이 틀렸다 하더라도 보험료 납입에 따른 배당금을 받을 수 있기 때문이다. 이때 받는 배당금으로 좀 더 안전하고 저렴한 가격에 경제적 경쟁력을 지닌 에너지를 사용할 수 있을 것이다. 전 세계적으로 저탄소 경제에 대한 관심이 뜨거워지고 있다. 2008년 7월에 열린 G8 세계 경제 포럼에서 논의된 사항 중의 하나가, '2050년이면 저탄소 경제로의 패러다임 변화가 일어날 것이다'라는 것이다. 영국의 〈스턴〉은 2050년에 기후변화와 관련 있는 시장이 약 5,000억 달러에 이를 것이라 전망했다.

유가 상승 및 저탄소 배출 자동차에 대한 수요 때문에 자동차 회사들은 차세대 자동차와 하이브리드 자동차 개발을 서두르고 있다. 닛산 자동차는 2010년에 일본과 미국에서 리튬 이온 배터리에 의해 구동되는 전기 자동차를 출시하였다. 우리나라도 전기 자동차의 실용화를 촉진하기 위해 전기 자동차의 시범운행 지역으로 제주도와 서울시의 2개 구, 경기도의 2개 시를 선정했다.

물론 내연기관을 이용한 자동차 산업은 우리나라 경제의 핵심 축이다. 그러나 지금 당장 산업에 미치는 영향만을 고려한 정책을 펼친다면 앞으로 30~40년 후에도 우리나라는 지금처럼 에너지 빈국의 자리에 머물러 있을 것이다.

경제적으로 힘든 시기에 에너지 값의 상승은 우리 모두에게 큰 짐이다. 그러나 지금의 소비형태가 지속된다면 앞으로 우리가 지불해야 될 비용 역시 큰 폭으로 상승할 것이다. 연료 부족과 경제적 부담을 줄이는 유일한 방법은 화석연료에 대한 의존을 줄이는 길이다. 경제적 안정, 에너지 안보와 사회 정의에 대한 우리의 욕망은 모두 화석 연료로부터의 탈출에 있다고 해도 과언이 아니다. 에너지 문제에 대해 아무런 의심 없이 살아온 우리 앞에 이제는 많은 주의를 기울여야 한다는 절박한 징후들이 나타나고 있다. 가장 바람직한 방법은 대체 가능하고 지속가능한 에너지를 확보하는 길이다. 소비하는 만큼 나무를 심고, 산업공정을 재점검해야 하고, 폐기물 문제도 다시 생각해야 된다. 화석연료에 대한 의존을 줄여야 하는 분명한 환경적, 경제적 및 사회적 이유가 존재한다. 그러나 화석연료를 줄이는 일은 정부뿐만 아니라 회사, 지역 단체, 가정 그리고 각 개인들까지 사회의 모든 구성원들이 같이 참여해야만 가능한 일이다.

전 세계적인 경제 난국을 맞아 여러 타개책들이 제시되고 있다. 녹색뉴딜 정책도 그 중 하나이다. 이는 단지 난국 타개책일 뿐만 아니라 가격과 공급에 목을 매야하는 에너지 안보에 대한 대비책이기도 하다.

3
발상의 전환

최근에 미국 항공우주국(NASA)에서 새로운 형태의 세균을 분리 보고한 바 있다. 이 세균은 소금 호수에서 분리되었으며 비소砒素를 영양분으로 사용하여 생존할 수 있는 독특한 존재여서 우리가 알고 있는 생명에 대한 정의를 재정립해야 할 정도의 획기적인 발견이다. 이 세균은 비소를 섭취하여 이를 그들의 DNA(유전물질) 구조물로 사용한다. 일반적인 생명체는 DNA의 일부분을 인燐이 차지하고 있으나 이 생명체는 비소가 그 역할을 대신하고 있다.

이번 발견으로 생명체는 우리가 생각하는 것보다 훨씬 다양한 환경에 적응하고 있다는 것을 알 수 있으며, 우주에 생명체가 존재할 것이라는 가정은 거의 사실로 다가서게 되었다. 생명체는 대부분 탄소, 수소, 산소, 질소, 황과 인 등으로 구성되어 있다. 이 여섯 인자가 핵산과 단백질 그리고 지질을 구성하게 된다. 이번에 발견한 세균은 비소에 의해서 성장 가능한 생명체이다. 비소를 영양원으로 사용하는 세균은 인산비료와 폐수처리 또는 독성 폐기물 처리장이 필요 없는 새로운 바이오 에너지를 생산하는데 유용하게 쓰일 수 있다. 이번 발견의 교훈은 단순하다. 어느 분야가 새로운 아이디어에 의해 기존의 개념을 바꾸고 새로운 산업의 동력이 될지 모른다는 것이다. 이런 면에서 지금 당장 돈이 되는 분야도 중요하지만 과학기술 분야에 대한 투자는 지속적으로 이루어져야 한다.

과학기술이 국가발전에 결정적인 요소로 작용한다는 것은 분명하다. 과학기술의 발달이 삶의 질을 향상시키고 번영을 가져다주는 매우 효과적인 수단이지만 과학기술의 정책 수립 및 실행 단계에서 지속가능한 성장을 고려하지 않는다면 성장의 목표는 모호해지고 초점이 흐려지게 된다. 따라서 과학기술자들과 정책 입안자 그리고 정책 실행자들은 과학기술 프로젝트의 기획 및 실행 등 모든 단계에서 지속가능성에 대해 세심한 주의를 기울려야만 한다. 지속가능한 성장에 대한 대중적 관심에도 불구하고, 과학기술계는 지속적인 그리고 적절한 지원을 받지 못하고 있다. 연구비는 소수에게 집중되고 그것도 지금 당장 가시적인 결과를 낼 때만 가능하다는 전제에서이다. 이런 일이 일상화되다보니 과학기술계는 원자화되었고 기술적 진보는 주로 개인의 이익으로 돌려지며, 컨트롤타워의 부재로 과학기술자 사이의 협력은 거의 이루어지지 못하고 있다. 민간 기업의 연구목표는 단기적이며 시장 지향적이기 때문에 장기적이고 지속가능한 개발 및 경제성장과 모순되는 경우가 많다.

과학기술에 의해 추동推動되는 국가발전 모델의 근간은 과학기술 수준의 발달이라는데 이견이 없다. 비즈니스 세계로부터 과학기술적 접근을 떼어놓으면 새로운 지식의 상품과 서비스로의 이행은 불가능하다. 현대의 과학기술 시스템은 지식창출 및 결과 응용사이를 연결하여 사회적 요구를 충족시키거나 문제를 해결할 수 있다. 이러한 경향은 유네스코에 의해 조직된 세계과학자회의에서 채택된 〈과학의제〉에 반영되어 있다. 〈과학의제〉란 과학기술에 대한 새로운 사회적 계약을 말한다. 즉 과학기술은 사회를 위해 봉사하고, 사회는 다시 그 역량을 과학기술을 위해 투자해야 한다는 것이다. 유네스코는 과학(S)과 기술(T), 그리고 기술혁신(I) (STI)을 국가발전 정책수립 시 통합시키기를 권하고 있다. STI 관리를 강화하는 것이 궁극적으로 지속가능한 사회 · 경제적 개발을 가능하게 할 것이다. STI의 통합에 의해 과학자 그룹과 시민사회 그리고 자생적 지식 시스템의 상호작용이 가능해지고 이를 통해 지속가능한 성장을 이룰 수 있다.

지속가능한 성장을 얘기하면 사람들은 경제성장만을 생각하기 쉽다. 하지만 지속가능한 성장에는 사람과 사회가 포함되어야 한다. 지속가능한 성장에 대한 논의가 시작되었을 때만 해도 대부분의 주제는 고용과 소비 그리고 부의 창출이라는 측면에서 생산적 영역인 경제적 개발에 초점이 맞추어져 있었다. 그러나 최근 들어서 기대 수명, 교육, 평등, 기회 같은 가치와 목표를 포함하는 인간개발로 관심이 옮겨지고 있다. 지속가능한 성장은 사람과 사회, 그리고 경제를 아우르는 성장이다.

세상은 너무나 빨리 변하고 있다. 수명연장과 비교해볼 때 너무나 이른 정년과 그로 인한 자영업자의 급속한 팽창 등 그동안 개발 논리에 치우쳐 전혀 생각하지 못했던 상황이 연출되고 있다. 예전에 미국의 월스트리트 저널이 지도적인 350명의 경제학자들을 대상으로 행한 여론 조사 결과 응답자의 2/3가 올바른 정부정책이 사회의 안정성 확보와 경제성장에 반드시 필요하다고 응답했으며 이 중 43%가 교육과 과학기술 분야에 대한 정부지출을 더 늘려야 한다고 응답했다. 이제는 인간과 사회를 포함하는 지속가능한 성장을 위해 중앙정부 뿐만 아니라 각 자치단체도 집중적인 관심과 투자를 하여야 할 시점이다.

4 원천기술

2012년에 〈세계 경제포럼〉은 유망한 10대 기술 중 하나로 '빅데이터 기술'을 선정하였으며 우리나라도 IT 10대 핵심기술 가운데 하나로 '빅데이터 기술'을 선정하는 등 세계는 '빅데이터 기술'을 주목하고 있다. 최근 미래창조과학부는 '빅데이터 기술'이 성장 유망분야로 주목받고 있고 세계수준에 비해 2~5년 정도의 기술격차밖에 없다며 '빅데이터 분석 및 활용 센터'의 구축 및 전문 인력 양성 계획안을 발표했다. '빅데이터 기술'이란 대량의 정형 또는 비정형 데이터의 수집 및 수집 데이터로부터의 가치 추출과 결과 분석 기술을 의미한다. '빅데이터 기술'은 단순한 데이터의 양적 증가를 넘어 데이터의 속도와 다양성 등 여러 복합적인 요소를 포함하고 있다.

불과 5년 전까지 '빅데이터 기술'이란 말은 거의 사용되지 않았다. 많은 사람들은 기상, 유전체학, 커넥터, 물리적 현상, 생물학 및 환경 연구, 인터넷 탐색, 금융과 정보과학 등 거의 모든 영역에서 보다 큰 데이터 영역 때문에 한계에 부딪치곤 한다. 데이터의 증가는 유비쿼터스 정보, 소프트웨어 접속, 카메라, 마이크로폰, 라디오 주파수, 무선 센서 네트워크 등 여러 원천으로부터 얻어진 정보가 증가하기 때문이다. 정보를 저장할 수 있는 기술적 용량은 매 40개월마다 거의 두 배가 되어왔으며 이러한 이유에서 '빅데이터 기술'이 대두되었다.

'복잡한 계'가 그것의 구성물로부터 예상할 수 있는 집합적 특성을 예측할 수 없도록 만드는 것은 무엇인가? 전체는 그것을 구성하는 부분들의 합보다 더 크거나 전혀 다른 형태로 나타나기도 한다. 도시는 건물과 사람들의 총합 이상이다. 신체도 몸을 구성하고 있는 세포의 총합 이상의 기능을 발휘한다. 이런 현상을 〈창발성〉이라 하며 경제, 금융시장, 도시사회, 생물체, 인터넷과 헬스 케어 관련 시스템 등의 특징이기도 하다. 헬스 케어에서 도시 운용까지 우리는 문제를 해결할 수 있는 많은 희망적인 빅데이터를 가지고 있다. 그리고 많은 경우, 그것은 확실히 해결책을 줄 수 있다. 그러나 빅데이터는 우리의 개성조차 앗아갈 수 있는 양날의 칼이기도 하다.

'빅데이터 기술'이 선진국에 비해 약 2~5년 정도 뒤처져 있으니 집중적으로 투자하면 곧 추격할 수 있다는 것은 환상이다. 기초과학에 의해 추동된 원천기술이 뒷받침되지 않은 추격 및 신성장 동력 주장은 허구일 뿐이다.

〈앨버트 아인슈타인〉은 그의 박사논문의 일부분으로 물 속에서 당의 확산에 관한 실험 자료를 이용해 단일 당의 분자 크기를 계산하였다. 그는 나노미터(nm) 수준에서 각 분자의 직경을 측정할 수 있다는 것을 보여주었다. 1 나노미터는 연구자에게 있어 큰 폭포와도 같은 차원이다. 100년 전의 〈아인슈타인〉의 통찰 이후 나노미터 스케일은 연구 아젠다로서 현 시대를 지배하고 있다. 나노기술은 100년 전의 〈아인슈타인〉 시대의 발견이 토대가 되고 있는 것이다. 만약 〈아인슈타인〉이 직업을 구하려고 스펙에 얽매이는 현재의 대학원생이라면 그의 지도교수는 그렇게 작은 것에 대해 생각하지 말라고 충고할 것이다.

2009년도 노벨 생리의학상은 사람이 어떻게 늙어 가는지를 밝힐 수 있는 단서를 제공한 공로로 미국 샌프란시스코 대학(UCSF)의 생물학과 교수인 〈앨리자베스 블랙번〉, 존스 홉킨스 의과대학의 유전학과 교수인 〈캐롤 그라이더〉와 매사추세츠 종합병원의 유전학과 교수인 〈잭 소스택〉 등이 수상하였다. 이들은 신체에 존재하는 염색체가 어떻게 작용하는지 또 어떻게 복제되는지에 대한 아주 단순한 주제를 가지고 일생을 바쳐온 사람들이다. 지금 당장 돈이 되는 주제가 아닌 흥미로운 주제였을 뿐이지만 30년 가까운 연구 결과는 엄청난 경제적 및 사회적 파급효과를 가져오고 있다.

기초연구로부터 실제 응용에 이르기까지의 길은 상당히 멀다. 나일론의 경우 약 10년이 소요되었고, 액정의 경우는 약 80년이 걸렸다. 따라서 지금 기초연구에 투자를 하지 않는다면 응용에 공급되는 원천기술이라는 샘물은 말라버릴 것이다. 과학의 발전은 재정 지원에 크게 좌우된다. 과학정책에 영향을 미치는 관료들은 연구와 개발의 지원에 필요한 논리를 늘 바꾸려고 한다. 그들은 과학의 역할에 대한 패러다임 전환을 요구한다. 그들의 의도는 당장에 성과를 낼 수 있는 프로그램으로 연구방향이 모아지길 원한다. 몇 년 전에는 '웰빙'을, 한때는 '녹색성장'을 그리고 이제는 '창조'를 앞세우고 있다. 이것이 패러다임 전환인가?

과학기술계는 새로운 패러다임, 우선순위와 국가경쟁력 같은 용어에 대해 강한 의문점을 갖고 있다. 패러다임은 과연 새로운 것인가? 어느 분야가 전략적이라 결정한 근거는 무엇인가?, 누가 우선순위를 정하는가? 이로 인해 호기심으로 시작된 과학기술 전반의 중요성은 희생되어도 좋은가? 미국이 선도하고 있는 제약 산업의 경우 산업체와 기초과학 연구가 잘 연결된 분야이다. 생물의학에 기반을 둔 산업이 경쟁력 있는 위치를 유지하기 위한 가상 중요한 요소는 새로운 아이디어를 지속적으로 제공하는 기초과학 연구라는 것을 실제로 보여주고 있다.

신성장 동력을 찾는 작업이 지금 당장 상품이 나오는 것에만 고정되어서는 안 된다. 원천기술이란 기초과학의 발달에서 나오는 것이다. 원천기술 없는 개발이란 사상누각에 지나지 않는다. 정권 차원에서 단기간에 창조적 성과를 창출한다는 것은 불가능하다. 장기적 안목에 따른 기초과학에 대한 지원과 이를 바탕으로 한 선택과 집중이 결국 신성장 산업을 이끌어내는 동력이다. 과학과 사회는 공동 진화해간다. 성공적인 새로운 기술의 개발은 기초과학에 의해 폭넓게 제공되며 이것이 미래의 경제적 번영을 약속하는 길이다.

5 생물물리 경제학

지속적인 경제성장은 물리학 법칙과 상반되는가? 경제위기와 지속되는 경기침체 때문에 많은 경제학자들이 엄청난 분석을 행하고 있다. 경제성장은 물리학 법칙을 따르지 않는다는 고정 관념을 갖고 있기 때문에 혁신적인 사고의 전환은 쉽지 않을 것이다. 그러나 몇몇 연구 그룹은 경제성장도 물리학 법칙을 따른다고 주장한다. 이들은 세계적으로 나타나는 에너지 공급 감소 때문에 인류가 지속적인 경제성장을 유지할 수 없다고 단정한다. 이들은 신고전파 경제학자들이 전체 에너지가 재투자되지 못한다는 사실을 무시하고 있다고 주장한다. 이들이 주장하는 경제학이 생물물리경제학으로 에너지 결핍이 지속되는 한 세계는 급격한 경제 붕괴에 직면할 것이라 말한다.

최근에 미국에서 경제학자, 생태학자 및 기타 전문가들이 모여 〈생물물리경제학〉에 대한 토론회를 개최하였다. 이들 〈생물물리경제학〉 전문가들은 기존의 경제적 토대보다 훨씬 더 근본적이고 사실에 부합하는 경제 형태가 있다고 주장하였다. 그들은 "인간이 그들의 필요에 맞게 어떻게 자연을 변형시키는가에 대한 연구가 진정한 경제학"이라 말한다. 〈신고전파 경제학〉은 열역학법칙에 부합하지 않는다는 게 이들의 주장이다. 많은 생물물리경제학자들은 생태학 및 진화생물학으로 무장하고 있어 자연세계를 물리학자들이 하는 것처럼 몇몇 기본적인 법칙으로 나누어서 보기를 좋아한다. 따라서 그들은 그들이 갖고 있는 고유한 기법을 사용하여 주류 경제학을 무시하는 방향에서 세계 경제를 조망한다. 이들 주장의 핵심은 모든 생물체의 생존은 재투자되는 에너지에 의해 결정된다는 것이다. 즉, 어떠한 물체 또는 인간사회일지라도 그들이 활동하면서 소비한 에너지보다 더 많은 에너지를 획득할 수 있을 때에만 생존가능하다는 것이다. 예를 들어, 다람쥐가 도토리를 먹으면서 에너지를 사용하는데, 섭취한 도토리가 다람쥐가 도토리를 섭식하면서 사용한 에너지보다 더 많은 에너지를 산출해야 하며 그렇지 않는 경우 다람쥐는 죽게 된다. 이러한 현상은 모든 생물에서 공통적이며, 인간사회도 예외가 아니다.

〈생물물리경제학〉은 비교적 짧은 역사를 가지고 있으나 그 근본 아이디어는 오래되었다. 1926년에 노벨 화학상을 수상한 〈프레드릭 소디〉는 〈부, 실제적인 부와 부채〉라는 책을 통해 "경제학의 핵심은 공급-수요 곡선이 아니라 에너지이다"라고 주장하였다. 그는 또한, 전통적인 재정정책 이론들이 '진정한 부는 에너지를 이용하여 물리적 실체를 변형시키는 것으로부터 유래되며, 이들 물리적 실체는 필연적으로 엔트로피 법칙을 따른다'는 사실을 무시하고 있다고 비난하였다. 생물물리경제학자들은 석유-고갈 이론을 받아들인다. 즉, 전 지구적인 석유생산이 빠르게 고갈되어 가며 이에 따라 경제성장 역시 쇠퇴할 것이란 것이다. 석유 생산은 더 이상 증가되지 않거나 또는 감소하고 있다. 보다 중요한 지표로 생물물리경제학자들은 미국 석유산업의 '에너지 투자 대 회수비율'이 21세기 들어 점차 감소하고 있다는 사실을 들고 있다. 1930년대에는 석유 생산에 들어간 '에너지 투자 대 회수비율'이 100:1이었다. 그러던 것이 1990년에는 36:1로, 2006년에는 19:1로 감소하였다. 이것은, 1930년에는 1 배럴의 원유가 100이란 수치의 에너지를 공급했던 것이 2006년에는 19란 수치로 격감하였음을 의미한다. 이들은 현재의 19:1에서 3:1로 '투자 대 회수비율'이 감소한다면 경제가 붕괴될 것이라고 경고한다. 신고전파 경제학이 갖는 주된 문제점은 에너지를 생산기능에 투입되는 다른 상품과 동일하게 취급한다는 것이다. 그들은 에너지를 장갑, 계란 등의 상품과 동일하게 생각하나 에너지가 없다면 그러한 상품은 결코 만들어질 수 없다.

에너지 생산성은 매 57년마다 2배씩 증가되어 왔으나 에너지 사용량은 매 37년마다 2배씩 증가되었다. 생물물리경제학자들은 석유에서 나타나는 '투자 대 회수' 현상이 모든 재생 불가능한 자원에서 공통적이라고 지적한다. 세계적으로 유용한 자원들이 고갈되어 가고 있다. 기술의 발달은 오히려 자원의 고갈을 부추긴다. 생물물리경제학자들은 석유를 연료로 사용하는 세계 경제는 빠른 시간 안에 성장을 멈출 것이란 비관적인 예상을 내놓고 있다. 에너지

보존이나 에너지 효율이 답은 아니다. 이런 상황을 돌파할 수 있는 유일한 길은 신재생 에너지를 사용하는 것이다. 국가적 차원에서 태양 에너지, 조력 및 풍력 에너지 등 신재생 가능한 에너지의 획득과 그 효율의 증대에 대한 연구가 시급히 진행되어야 할 시점이다.

6

과학기술의 혁신

날마다 전해지는 경제위기 소식 속에 한 여름을 맞고 있다. 정부에서는 경제위기 극복을 위한 방법 중의 하나로 지속성장이 가능한 녹색성장을 내놓고 있다. 순수한 의미의 녹색성장은 과학기술에 기반을 둔 성장을 뜻한다. 예를 들어, 나노기술에 기반을 둔 태양전지 세포의 개발, 태양 에너지를 바로 연료로 전환시킬 수 있는 생물체의 개발, 모든 필요한 에너지를 재사용 가능한 자원으로부터 얻을 수 있는 에너지 제로 빌딩 등 소위 저탄소 경제로의 전환이 진정한 녹색성장이라 여겨진다. 저탄소 경제로의 전환을 통한 경제성장은 과학기술의 혁신을 통해서 가능한 일이다.

탐구와 발명 즉, 과학기술을 통해 인간의 삶의 질은 향상되어 왔다. 전기, 항공기, 질병을 예방할 수 있는 항체, 컴퓨터와 인터넷이 없는 세상을 상상해 보라. 현재의 이 경이롭고 편리한 생활은 공공연구기관 또는 과학기술자들의 헌신적인 노력의 결과물이다. 이를 통해서 수많은 새로운 상품들이 만들어졌고, 궁극적으로 새로운 산업을 창출하였으며, 인간의 삶을 보다 활동적으로 만들었다. 이러한 이유 때문에 과학기술에 대한 혁신적인 정책의 입안과 집행이 중요하다. 과학기술 혁신에 의한 새로운 상품과 서비스의 개발이 경제성장을 이끌고 새로운 직업을 만들어낼 것이기 때문이다. 과학기술 혁신은 청정에너지, 생명과학, 반도체와 인터넷 같은 첨단기술 분야에만 한정되는 것이 아니라 인간의 일상적 사고에도 영향을 미친다.

과학기술 혁신은 인간의 미래에 아주 중요한 요소이다. 그리고 이것은 국가 차원에서의 정책적 접근을 필요로 한다. 50년 전 소련이 최초의 인공위성 〈스퍼닉〉을 발사하자 이에 충격을 받은 미국은 즉각 〈고등과학원〉을 설치하는 한편, 초등학교에서부터 과학기술에 대한 교육을 더욱 체계적으로 실시하였다. 과학기술에 대한 연구는 인간의 기존 지식을 뛰어 넘는 엄청난 결과를 이끌어낼 수 있다. 예를 들어, 2006년에 노벨 의학상을 수상한 스탠포드 대학의 〈파이어〉 박사는 선충을 가지고 연구를 진행하였다. 그는 유전자의 발현을 억제할 수 있는 RNA(RNA는 생물체 내에서 단백질을 생성하는데 관여)를 발견하였는데 이것은 암, 에이즈와 간염 등의 치료법 개발에 사용되고 있다. 〈파이어〉 박사가 재료로 사용한 선충은 겨우 1밀리미터에 지나지 않은 생물이다.

뇌와 관련된 질환은 전 세계적으로 1조 달러의 시장을 가지고 있다. 알츠하이머와 파킨스씨병 같은 질환을 치료하기 위한 약품 시장은 엄청난 신장세를 보이고 있다. 그러나 약품 개발에 필요한 기초과학 수준은 아직 미미한 편이다. 이와 같이 지금 당장 만들어지는 상품이 없다고 과학기술에 대한 투자를 소홀히 한다면 우리의 미래는 암울할 것이다. 이미 선진국에서는 생물학에 기초한 의약학이 하나의 산업으로 자리 잡았으며 그 결과 새로운 '블루 컬러' 직업군이 생기고 있다. 미국의 경우, 2014년까지 이 분야의 고용이 약 22% 증가되었다.

자원이 빈약한 작은 섬나라 쿠바의 경우를 살펴보자. 1959년의 혁명 이후 쿠바 정권은 사회발전에 가장 필요한 분야가 과학기술이라는 신념을 갖고 지난 50년 가까이 여기에 투자를 지속해 왔다. 쿠바 과학평의회 의장인 〈클라크〉 박사는 "우리의 조국은 과학자들의 미래, 아이디어에 사는 사람들의 미래여야만 한다"고 역설하였다. 1991년에 열린 제6차 국가 과학기술포럼 폐막 연설에서 〈카스트로〉는 "오늘날, 혁명과 사회주의의 생존을 위해 그리고 이 나라의 독립을 위해 필요한 것은 전적으로 과학기술이다"라고 선언하였다. 이런 노력 덕에 미국의 계속적인 경제 봉쇄와 빈약한 자원에도 불구하고 쿠바의 과학기술은 선진국 수준에 이르렀다. 현재 쿠바에서 생산되는 유전공학 제품의 종류는 남미 전체를 합한 것보다도 훨씬 많다. 여기에서 우리가 얻을 수 있는 교훈은 과학기술에 대한 국가 차원의 정책적인 투자와 관리가 필요하다는 것이다.

과학기술에 대한 투자는 반드시 그 열매를 맺게 된다. 어려운 환경일수록 과학기술에 의지해야 한다. 경제위기를 헤쳐 나가는 방법 중의 하나로 중앙정부나 지방 자치단체 모두 교육에, 과학기술 혁신에 정책의 초점을 맞추어야 할 것이다.

7 과학의 경계

과학이란 가설을 검증하고 이론을 세우기 위한 일련의 방법론이다. 과학자 집단이 새로운 사상을 능동적으로 받아들이고 그 사상이 유용한 성과물의 축적과 지식을 생산하는 연구에 통합된다면 그 사상은 진정한 과학이라 할 것이다.

과학과 사이비 과학을 구분하는 것은 과학이 무엇인가를 정의하는 것보다는 과학자들이 무엇을 하는가를 분석하면 쉬울 것이다. 지속적으로 관찰할 수 없고 반복되지 않으며 증명할 수 없다면 사이비 과학이다. 2001년에 출판된 '과학의 경계'는 진정한 과학과 경계과학, 그리고 사이비 과학에 대한 내용을 다루고 있다. 저자인 〈미첼 셔머〉는 〈사이언티픽 아메리칸〉 잡지의 '회의적 문제들'란에 고정적으로 칼럼을 게재하는 과학사학자이며 캘리포니아 공과대학의 '회의론 강의' 코디네이터이기도 하다. 〈셔머〉는 과학이 세상을 바라보는데 가장 좋은 렌즈인 반면 진정한 과학과 경계 과학 또는 사이비 과학을 구분하기가 어렵다고 주장한다. 이 현상을 해결하기 위해 그는 경계선에 놓인 일련이 주제들을 조사하였다. 예를 들어, 세상의 복잡성을 단일 원리로 줄이려는 '모든 것의 이론'을 조사하기도 하였고, 영국의 〈필트다운 혹스Piltdown Hoax〉의 예를 들어 과학자들이 그들 스스로 어떻게 길을 잃을 수 있는지를 설명한다.

〈서머〉는 진화론이 현대 경제를 어떻게 구체화시켰으며 사람들이 왜 돈에 비이성적인지를 설명한다. 우리는 어떻게 고대 사냥꾼으로부터 현대의 소비자와 무역업자로 도약할 수 있었는가? 사람들은 중요한 사업상 결정을 할 때 왜 그렇게 감정적이고 비이성적일까? 다윈주의 계열의 자본가들은 우리의 욕구를 가장 잘 충족시키는 방법과 같은 자연선택을 통해 진화해 왔을까? 이 괄목할만한 탐구에서 〈서머〉는 경제행동의 진화적 뿌리를 찾고 있다. 〈서머〉는 어떤 지적능력이 사업에서 신용을 얻는데 관여하는지와 왜 사람들이 손실 주식에 매달리는지, 왜 돈은 우리를 행복하게 못하는지에 대한 행동경제학의 연구들을 자세히 조사하기도 하였다. 그는 어떻게 공동생활을 하던 우리의 선조로부터 지금의 브랜드 흡입자가 출현하였는지, 원숭이조차도 그들의 일에 대해 적절한 보상을 받지 못하면 분노하는 현상에 대한 회의론적 접근을 통해 심리학, 생물학과 다른 과학으로부터 눈부신 발견들을 이끌어냈다. 그가 조사하고 의문을 던진 주제는 진화론, 클로닝, 천재, 그리고 필트다운 사건 등 전 방위적이다. 그러나 책 내용은 상식적인 것보다는 비상식적인 내용들을 더 많이 다루고 있다. 회의론자들이 그들의 관심을 초심리학 영역으로 돌리면 그들은 그들의 목적성을 던져 버리는 경향이 있다.

과학은 설명을 할 수 있다. 설령 틀렸다 하더라도 '끈 이론'조차 설명이 이어진다. 사이비 과학은 설명을 하지 않는다. 창조론은 아무것도 설명하지 않는다. 창조론은 생명의 복잡성에 대한 설명을 창세기에 집착할 뿐이다. 창조론은 이야기와 권위에 의존한다. 그래서 〈셔머〉는 창조론을 사이비 과학이라 한다. 그는 창조론 옹호자들이 나쁜 과학을 하는 것이 아니라 오히려 과학적 행위를 전혀 하지 않으며, 이들이 미국 내에서 과학교육을 위협하고 교회와 국가 사이의 벽을 깨트리며 진화론의 본질과 과학이 어떻게 실행되는지에 대해 일반 대중에게 혼란을 주기 때문에 사이비 과학이라고 주장한다.

프린스턴 대학의 과학사학자인 〈고뎅〉은 "세계 역사에서 누구도 자신을 사이비 과학자라고 인정한 사람은 없다. 사이비 사실에 근거한 사이비 이론을 검증하기 위해 사이비 실험을 행하려고 실험실로 달려가는 사람은 없을 것이다"라고 하였다. 자기들끼리만 공유하고 다른 권위 있는 학회에 결과를 발표하지 않거나 그 자료에 대한 과학적 접근을 차단하는 이론을 사이비 이론이라 할 수 있다.

과학의 실행은 특정 사상의 실용적 유용성으로 반영된다. 혁명적인 새로운 사상은 실제 연구를 행하는 과학자 그룹이 그들의 연구 프로그램에 적용할지에 대한 관심을 유도하여 새로운 유형의 연구진행 및 이로 인한 새로운 발견을 이끌거나 기존의 이론이나 패러다임 또는 세계관에 영향을 끼칠 수 있다. 어떻게 비과학이 시간이 지남에 따라 우리가 이해하는 사실이 되고 지식이 되는가. 여기에는 〈다윈〉의 자연선택과 〈코페르니쿠스〉의 태양 중심의 우주, 〈프로이트〉의 심리학 이론 등이 포함된다. 과학은 시간의 경과에 따라 진화하므로 새로운 생각에 대해 열린 마음을 가져야 한다.

"우리가 떠받고 있는 모든 가설에 대한 가장 회의론적인 조사는 동시에 새로운 사상에 대한 위대한 개방이다. 단지 회의적이기만 하면 새로운 사상은 나올 수 없다". 이것은 경계과학자인 〈칼 세이건〉의 말이다. 〈셔머〉는 솔직하게 고백한다. "우리 모두는 편견을 가지고 있다. 어떤 과학자도 사회적, 정치적, 사상적 신념에 따라 그들 자료의 해석이 잠재적으로 경도될 수 있다". 그러나 동료 평가 시스템에 의해 그러한 편견과 신념이 제거되기 때문에 과학에서는 문제가 되지 않는다. 그러나 전부는 아닐지라도 일부 회의론자가 회의적인 문헌에 근거해 동료 평가를 한다면 문제가 될 것이다.

8 과학의 남용

요즈음에도 흔히 사용되는 말 중의 하나가 사이비似而非란 말일 것이다. 사이비란 '겉으로는 비슷하지만 실상은 그런 것이 아닌 것'이다. 이 말은 〈맹자〉가 제자 〈만장〉과의 문답에서 유래된 것이다. 즉, "모두가 그를 '점잖은 사람'이라고 하면 어디를 가나 '점잖은 사람'일 터인데, 공자께서 그를 '덕의 도적'이라고 하신 것은 무슨 까닭입니까?" 하는 물음에 〈맹자〉가 답하기를 "비난을 하려해도 비난할 것이 없고 공격을 하려해도 공격할 것이 없다. 시대의 흐름에 어울리고 더러운 세상과 호흡을 같이 하여 그의 태도는 충실하고 신의가 있는 것 같으며, 그의 행동은 청렴하고 결백한 것 같다. 사람들도 다 그를 좋아하고 그 자신도 스스로 옳다고 생각하고 있다. 그러나 그와는 함께 참다운 성현의 길로 들어갈 수가 없다. 그래서 덕의 도적이라고 말하는 것이다." 또한 〈맹자〉는 "나는 같고도 아닌 것을 미워한다"라고 덧붙였다.

사이비 과학은 적절한 증거가 없는 주장으로 과학 남용의 전형적인 틀이다. 지구온난화는 인류가 당면하고 있는 최대의 위기이다. 지구의 기후변화에 대한 증거는 넘쳐나는데 이러한 온난화가 인간의 활동 때문이라는 점에서는 회의론자들이 많다. 이들은 탄소 배출을 억제하는 정책 때문에 대기업들이 불이익을 받고 있다고 주장한다.

다른 편에 있는 사람들은 사심이 없는가? 반드시 그렇지만은 않다. 사이비 환경그룹과 그 종사자들은 과학을 강매해서 연명하는 수가 많다. 사람들은 사실을 왜곡하는 경제적인 모티브를 쉽게 찾을 수 있다. 과학의 가장 신성한 의무는 인간을 자기멸종으로부터 구하는 일이다. 종교적 신념과 마찬가지로 과학은 나쁜 의도를 가진 사람들에 의해 사상적 무기로 사용될 수 있다. 인간은 합리성이라는 매우 얇은 겉치장과 과학을 차용한 허튼소리에 쉽게 영향 받는다. 특정 인종의 우수성에 대한 〈나찌〉의 믿음은 진화론을 잘못 적용한 사이비 과학의 한 예이다. 과도한 확신은 과학의 본질이 아니다. 종교적 몽상가들과 파시스트 등의 과격한 사람들은 그들의 생각에 반하는 명백한 증거가 존재함에도 불구하고 그들의 신념을 바꾸지 않는다. 종종 통계, 그래프와 도표의 이용 또는 수학 공식이 어떠한 견해에 대해 권위라는 마법을 제공해주기도 한다.

예측이란 매우 힘든 일이다. 일반적으로 예측은 초기 조건에 좌우된다. 지난 몇십 년간 〈카오스〉 이론가들은 초기의 아주 작은 차이가 훗날 매우 큰 차이를 만들어낸다는 것을 증명하여왔다. 예측의 한계를 인식하는 것과 함께 과학자들은 실존의 물건조차도 정밀하게 측정할 수 없다는 것을 안다. 예를 들어 고체 백금선의 직경을 잰다고 하자. 우리는 여러 측정 도구를 이용하여 직경을 측정할 수 있다. 그러나 여전히 정확성의 한계는 남는다. 왜냐하면 우리가 고체 백금선으로 보는 것은 실상 백금 이온의 중심이 전자라는 바다에 둘러싸여 있는 형태이다. 그렇다면 전자영역의 어디에서부터 선이 시작되는가? 리아스식 해안선은 기하학에서 다루는 원이나 삼각형 등과 다른 불규칙적이며 복잡한 도형이다. 원 둘레는 전체적으로는 휘어 있지만 이것을 작은 원호로 세분하고 다시 미세하게 분해하면 세분된 원호의 각 부분은 선분에 근사하게 된다. 결과적으로 세분됨에 따라 전체적으로 휘어 있다는 성질을 잃어간다.

과학자들이 백금선의 직경을 정확하게 측정하는 일 조차도 어려운 문제라고 한다면 사회과학자들은 인간의 생각과 행동을 어떻게 분석할까? 백금선은 사람에 비해 매우 단순하다. 질문을 어떻게 했느냐 또는 답변자의 기분 상태에 따라 결과가 달라질 수 있다.

9

사회생물학

인간은 영혼과 자유의지를 가지고 자신의 운명을 개척하는 존재다. 20세기 과학의 발전에 따라 인간의 정신은 진화과정을 통해 신체와 뇌에 고정된 결과라는 주장이 제기되고 있다. 이런 주장의 선두에 〈에드워드 윌슨 Edward O. Wilson〉이 있다. 그는 1975년에 〈사회생물학〉을 그리고 1978년에 〈인간 본성에 대하여〉를 저술했다. 〈사회생물학〉에서는 주로 인간 이외의 종에 초점을 맞췄으나 이후 윌슨은 인간에게 관심을 돌려 유전적 진화가 문화, 성 그리고 공격성 등에 관한 인간의 행동양식을 어떻게 추동推動하는가를 논한 〈인간 본성에 대하여〉를 내놓았다. 특히 저자는 〈인간 본성에 대하여〉를 통해 생물학과 인문사회과학 사이의 거리를 좁히고자 노력했다. 그는 "인간의 행동을 체계적으로 연구하려면 인간 정신의 미로 속에서 주제들을 도출해내고 사회과학뿐만 아니라 철학과 과학적 발견 과정 자체를 포함하고 있는 인문학도 고려해야만 한다"라고 말했다. 〈윌슨〉은 종교와 윤리를 포함한 인간의 모든 사회행동은 결국 생물학적 현상에 불과하며 집단생물학과 진화론적 방법론으로 분석될 수 있다고 설명한다.

인류가 자연선택을 통해 진화한다면 인류는 신이 창조한 것이 아니라 유전적 우연과 환경적 필연이 빚어낸 것이라 할 수 있다. 인간의 정신을 관장하는 뇌 역시 자연선택을 통해 진화했기 때문에 특정한 심미적 판단과 종교를 선택하는 능력도 그와 동일한 기계론적 과정을 통해 형성된 것이라 할 수 있다. 즉 인간의 정신은 생존과 번식을 위한 장치이며 이성은 그 장치의 다양한 기능 중 하나일 뿐이라는 것이다. 〈윌슨〉은 문화적 행동 역시 유전적 진화의 적용을 받는다고 주장한다. 현대인의 사회적 행동은 인간 본성의 단순한 특징들의 모자이크이며 특정 상황에 따라 점멸하는 반응들의 스펙트럼이라 할 수 있다.

생물학적으로 볼 때 〈공격성〉이란 신경계 내에서 각기 별도의 통제를 받는 서로 다른 반응들의 배열을 의미한다. 같은 종의 구성원 사이에 일어나는 공격행동은 대부분 군집의 과밀화에 대한 응답으로 해석될 수 있다. 동물들은 생활사의 특정 시기에 먹이나 보금자리 같이 희소해진 자원의 지배권을 획득하기 위한 수단으로 〈공격성〉을 사용한다. 진화론적 관점에서 보면 인간의 공격행동은 유전자와 환경 사이의 구조적이고 예측 가능한 상호작용의 한 유형이다. 문화는 〈공격성〉에 구체적인 형태를 부여하고 특정 집단의 행동통일을 정당화하는 역할을 한다. 〈공격성〉의 문화적 진화는, 공동체가 지닌 특정한 유형의 〈공격성〉을 학습하도록 편향된 유전적 성향과 환경의 요구 그리고 특정한 문화적 혁신을 채택하도록 하는 그 집단의 역사 등이 통합돼 이끄는 것으로 〈윌슨〉은 해석하고 있다.

또 다른 인간 본성의 주요한 주제가 성性이다. 성의 복잡성과 다의성多義性은 성이 본래 번식용으로 설계된 것이 아니라는 것을 보여준다. 세균은 이분법으로 곰팡이는 수많은 포자를 형성해 자손을 퍼뜨린다. 대다수의 동물 종은 기계적으로 그리고 최소한의 전희만으로 성행위를 한다. 생물계에서 쾌락은 동물들로 하여금 교미하게 만드는 수단에 지나지 않는다. 따라서 성 자체는 어떠한 직접적인 다윈주의적 이익을 제공해주지 않는다. 그런데도 성은 왜 진화한 것일까. 답은 성을 통해 다양성을 확보할 수 있다는 것이다. 다양성과 그 결과인 적응도는 왜 그렇게 많은 종류의 생물들이 유성생식을 통해 번식을 하는지 설명해준다.

극단적인 상황에서 자신을 희생하면서 주위에 도움을 주는 〈이타주의利他主義〉는 어떻게 해석할까. 혈연선택은 〈맹목적〉이타주의를 설명하는 자연선택의 일종이다. 물론 인간의 사회적 진화는 유전적이기보다는 문화적이다. 그러나 거의 모든 인간 사회에서 강하게 표출되는 근원적인 감정들은 유전자를 통해 진화한다.

인간이 자신의 가족 및 친족에게만 맹목적이라면 지구 전체의 조화는 극히 제한적으로만 가능할 것이다. 그러나 인간은 더 큰 조화와 사회적 항상성을 유지할 수 있을 만큼 계산적이며 이것이 〈목적적〉 이타주의다. 숭고한 도덕 가치들의 문화적 진화가 스스로 방향을 설정하고 자체 추진력을 획득해 진화를 대체할 수 있을까. 도덕 가치들은 인간의 유전자 풀pool에 미치는 결과에 따라서 불가피하게 속박된다. 〈윌슨〉에 의하면 종교 행위도 생물학적 이익을 제공하는 수단으로 볼 수 있다. 종교는 위대한 능력이 있음을 주장하는 집단의 확실한 구성원 자격을 인간에게 부여함으로써 개인적 이익에 부합되는 삶의 목표를 제공한다. 신앙은 현대 생활에서 신화의 기능을 갖고 있다.

그러나 과학이 고대로부터의 신화들을 하나씩 붕괴시켜 왔기 때문에 이제 신화는 더 이상 물러설 수 없는 마지막 발판을 딛고 서 있다. 즉 현재 인류는 신앙 자체가 자연과학의 설명 대상이 되는 시점에 도달해 있다. 과학은 자연세계를 설명하고 제어하는데 성공을 거둬 왔다. 생명과 정신은 물리적 토대를 가지고 있다. 물리학 법칙들은 생물학 및 사회과학 법칙들에 부합되며 인과적 설명 사슬로 연결될 수 있다. 과학자들과 인문사회과학자들은 발견의 항해에 나서는 교양인들이 나아갈 원대한 목표를 체계화하는 일에 동참해야 한다.

10

과학의 영역

인류는 매우 독특한 영장류이다. 인류는 두 발로 걸으며 큰 뇌를 가지고 있고 지구 전 구석구석에서 생존하고 있다. 인류학자들과 생물학자들은 인류의 선조가 영장류 그룹에서 어떻게 분화되어 나왔는지, 그리고 인류의 독창성은 어떻게 출현되었는지를 오랫동안 탐구하여 왔다. 그 간의 연구 결과를 보면 인류의 여러 희한한 행동들은 사실 공통의 끈을 가지고 있다. 그것은 대부분 충분한 식량을 확보하기 위한 수렵채집 활동을 효과적으로 수행하기 위해 작용된 자연선택의 결과라 할 수 있다.

이런 진화론적 시각은 사회가 어떻게 공공정책을 만드는가 또는 인간이 어떤 선택을 하여야 하는가에 대해서도 직접적인 통찰력을 제공한다. 현재의 인류는 항생제 남용에 의한 즉각적인 자연선택을 받아 스스로 재앙을 초래하고 있다. 비만, 당뇨와 자가 면역질환 같은 많은 현재의 병들은 부분적으로는 인간의 유전체가 진화할 수 있는 것보다 훨씬 빠르게 변하는 환경과의 부조화 때문이라 할 수 있다.

〈찰스 다윈〉이 탁월했던 것은 서로 다른 생물학적 사실들을 하나의 단일 틀로 융합시킨 것이었다. 이론은 과거와 현재 그리고 미래를 설명할 수 있어야 한다. 〈다윈〉은 이것이 가능한 진화론을 설파했다. 그의 이론은 인문학과 사회과학 등 많은 분야에 훌륭하고 역동적인 진화를 일으켰다.

인류는 점점 과학에 의존하게 되었으며 이에 비례하여 과학을 두려워하게 된 면도 있다. 사람들이 과학을 일상 속에서 접할 수 있고 과학적 방법론에 의해 영감을 얻을 수 있다면 그들은 과학이라는 창을 통해 새로운 사고의 세계를 경험할 수 있을 것이다. 과학적 방법론을 이용하여 삶을 바꾸거나 그런 동기를 갖게 하는 것이 진정한 과학의 힘이다.

이제 과학은 인문학과 사회과학을 포괄하는 예전의 위치로 되돌아가야 한다. 이런 분석적 틀을 가지고 양자역학, 암, 배우자 선택, 문학과 종교 같은 다양한 주제를 탐구해야 한다. 이를 위해서는 대학뿐만 아니라 중·고교 교과과정까지 대폭 개편되어야 할 것이다.

과학의 생활화와 대중화는 많은 훌륭한 과학저술의 출판을 필수적으로 요구한다. 우리나라에서도 과학에 관한 저술이 증가하고 있으나 일반인들은 아직 과학 탐구의 과정과 과학의 본질에 대해 상대적으로 관심이 적다. 많은 사람들이 과학은 사치스럽고 어렵다는 생각을 갖고 있으나 사실 과학은 풍부하고 질서정연한 내용을 가지고 있어 일반 대중에게 다가갈 수 있는 탄탄한 토대를 가지고 있다. 다만 과학저술에 대한 장려가 부족하고 대학 입시에서 과학과목의 홀대와 이에 따른 중·고교에서의 과학교육의 부실 때문에 과학이 생활화되지 못하고 있을 뿐이다.

열광과 문화적 환경의 차이는 무엇일까? 재미있고 흥분되며 접근 가능한 프로그램이 있다면 열광적일 수 있지만 그곳에는 높은 과학적 진실이 있어야 하며 그렇지 않다면 공허한 메아리가 될 것이다.

일본에서는 이과理科 중시 차원에서 대학의 문과 입시에서도 이과 과목을 필수화하는 방안을 추진하고 있다. 현재 일본 대학의 입학시험 과목은 영어, 국어와 사회가 중심이 돼 있다. 일본 정부는 문과 입시에 이과 과목을 추가하여 중·고교의 이과 과목 수업시간을 늘리고 중·고교의 이과 과목 교사 자격증을 보유한 교사가 초등학교의 이과 과목 수업을 가르치게 하는 방안도 검토하고 있다.

일선학교에서의 과학교육은 단선적이고 그마저도 대입제도 때문에 정상적으로 운용될 수 없다. 비판적 사고에 대한 강조 없이 기계적 암기에 의한 학습을 강요한 결과 학생들은 과학에 대한 흥미를 잃게 된다. 과학적 탐구는 개방적 과정이다. 이제는 과학적 방법론을 탐구 및 발견, 아이디어의 테스트, 결과산출, 집단분석 및 피드백 등 여러 단계에서 다양한 방향으로 교육시킬 필요가 있다. 과학적 방법론은 다기적多岐的이며 역동적이고 창의적이기 때문이다. 물론 입시제도의 개편 및 대학에서 인문학과 사회과학에 버금가는 교양 과학과목의 개설 및 확충이 필수적으로 요구된다. "무지에서 생겨나는 것은 우연한 작용 이외의 어떤 작용도 하지 못한다". 움베르코 에코가 '장미의 이름'에서 한 말이다.

11

과학 입국론

예나 지금이나 어느 나라든 신성장 동력을 찾으려 애쓰고 있다. 일찍이 130년 전 영국의 전기야금학 및 화학자인 〈조지 고어 George Gore〉는 〈국가발전의 과학적 기초-(The Scientific Basis of National Progress)〉라는 저서를 통해 '과학 입국론'을 주창한바 있다. 〈고어〉는 열두 살 이후 독학으로 공부를 계속하여 1865년에 〈패러데이〉의 추천을 받아 영국왕립학회의 회원이 되었다. 1870~1880년에는 킹 에드워드 학교에서 물리학과 화학을 가르쳤고 1880년 이후에는 '과학연구소'를 설립하여 연구를 지속하였다. '국가발전의 과학적 기초'는 1882년에 출간되었으며 2008년에 출판사〈BiblioLife〉에 의해 미국에서 재출간되었다. 〈고어〉의 '과학 입국론'은 〈파스퇴르〉의 영향이 컸다. 그 당시 프랑스는 보불전쟁에서 패배하였는데 이것은 〈파스퇴르〉를 포함한 프랑스 과학자들에게 큰 충격이었다. 〈파스퇴르〉는 1871년에 '프랑스 과학의 성찰'이라는 책을 발간하여 프랑스 과학의 쇠퇴에 대한 심각한 고민과 부흥의 방법들을 논하였다. 〈파스퇴르〉는 적국 프러시아를 증오하면서도 프러시아의 승리의 원인이 우수한 과학 연구 시스템에 있다고 강조하였다.

이러한 사조思潮에 맞추어 1882년에 〈고어〉의 '국가발전의 과학적 기초'가 출간되었다. 이 책은 새로운 사실의 중요성을 강조하는 것뿐만 아니라 발전의 근본적 원천이 무엇이고, 그리고 어떻게 원천을 발견할 것인가에 대해 정리하고 있다. 〈고어〉는 현재의 지식은 우리의 현재 상태를 유지할 수 있게 할 따름이며 국가의 발전은 새로운 아이디어의 결과이고 새로운 아이디어의 주된 원천은 독창적인 연구라고 주장하였다. 발전은 새로운 지식이라는 자체의 기원을 가지고 있어야 한다. 〈고어〉가 주창한 또 다른 탁월한 아이디어는 '진리는 모든 분야의 지식에서 근본적으로 동일하다'는 것이다. '정신과 도덕 함양의 과학적 기초'라는 장에서 〈고어〉는 간단한 방법으로 정신과 도덕 함양의 주된 원천이 새로운 과학지식이라고 주장하고 있다.

그 당시 영국에서 새로운 지식 발견에 대한 가장 큰 장애물은 인간의 복지가 과학적 연구에 의존한다는 것을 대부분의 사람들이 모른다는 것이었다. 〈고어〉는 인간 발전의 근본적인 시작점은 과학적 발견에 있고 새로운 진리는 과학적 방법론에 따른 독창적 연구에 의해 진화된다고 주장하였다. 순수한 과학적 지식은 거의 전적으로 독창적 연구 수단에 의해 발견되었으며 산업현장에서 직업을 가지고 있는 사람들로부터 도출된 경우는 소수였다.

〈고어〉는 영국에서 과학이 흥하지 못하는 이유를 1) 과학의 의

의나 가치에 대한 이해가 거의 없고, 2) 인간은 직접적인 이해에만 민감할 뿐 진리의 탐구 등에는 관심이 없으며, 3) 그 당시에 팽배한 공리주의 때문이기도 하고, 4) 과학자 자신들이 자신의 존재 의의를 확실하게 주장하지 못했다는 점 등을 꼽았다.

이런 분석을 바탕으로 〈고어〉는 영국의 과학연구를 장려하기 위해 다음과 같은 제안을 하였다. 1) 국립과학연구소를 설치한다. 2) 대학에서 과학자들이 그들의 재능을 충분히 발휘하도록 자리를 마련한다. 3) 지역에 과학연구에 필요한 연구기관을 설치한다. 4) 대학에서 과학자들에게 연구비를 지급한다. 5) 정부의 연구비 시스템을 확충한다. 6) 대학에서 학생들의 연구 참여를 장려한다. 7) 지방정부는 연구기금을 모금한다. 8) 지역사회의 과학을 진흥시키기 위해 연구기관의 분원을 설치한다. 9) 공공단체가 지역의 과학연구에 재정을 지원해야 한다는 것 등이다. 130년 전의 〈고어〉의 통찰이 현재에도 그대로 요구된다.

'지식은 힘이다'라는 격언이 있다. 그러나 과학적 발견이 우리에게 말하는 새로운 격언은 '새로운 지식이 새로운 힘이다'라고 할 수 있다. 인간은 발견이라는 수단을 통해 새로운 힘을 얻기 때문이다.

12

바이오 에너지

바이오 에너지는 전 세계적으로 가장 많이 쓰이고 있는 신재생 에너지로 전 세계 에너지 공급량의 15%를 차지하고 있다. 바이오 에너지는 자연계의 태양 에너지 포획체에 의해 얻어진 에너지 흐름을 포획하는 시스템으로부터 유래된다. 이것이 다른 신재생 에너지와 다른 점으로 관리만 잘하면 거의 무한정 생산 가능한 에너지이다. 바이오 에너지는 화석연료를 대체할 친환경 에너지이며 지구 온난화의 주범인 이산화탄소 배출량도 석탄이나 석유보다 훨씬 적다. 브라질은 세계 최대의 에탄올 생산국으로, 2007~2008년의 에탄올 생산량은 270억 리터에 달하였다. 특히, 휘발유와 에탄올을 번갈아 사용할 수 있는 〈플렉스〉 자동차가 보편화됨에 따라 에탄올 사용량이 급증하면서 바이오 에너지가 전체 에너지원의 16%를 차지하여 휘발유 사용량을 추월하였다. 현재 사탕수수 재배 면적이 브라질 전체 면적의 1%에 불과하기 때문에 사탕수수를 원료로 한 바이오 에너지의 생산은 지속적으로 늘어날 것으로 보인다.

바이오 에너지의 제조는 전분을 함유한 식

물에 효소를 이용하여 포도당을 만든 뒤 이를 발효시켜 만든다. 사탕수수의 경우 과당이 들어 있어 직접 발효도 가능하다. 콩이나 유채 등에서 뽑아낸 식물성 지방과 알코올을 화학적으로 결합시키면 바이오 디젤이 된다. 바이오 에너지는 그동안 제조원가가 높아 사용량이 많지 않았으나 최근 제조원가가 낮아지고 국제 유가의 급등 때문에 가격 경쟁력이 높아졌으며, 지구 온난화의 영향으로 환경에 관심이 높아진 것도 사용량이 늘어난 이유다.

한편, 바이오 에너지원으로 기존의 곡물이 아닌 조류藻類를 사용하여 에너지를 얻는 방법에 대해서도 집중적인 투자가 이루어지고 있다. 현재 우리나라는 조류를 이용한 바이오 에너지 생산을 신성장산업 또는 녹색산업의 한 축으로 지원하고 있다. 그러나 미국을 중심으로 한 그간의 연구 결과, 바이오 에너지원으로 조류를 사용하는 것이 옥수수나 유채를 사용했을 때보다 훨씬 더 많은 비용이 들고, 또한 환경에 악영향을 미친다는 사실이 밝혀졌다. 지난 수년 동안 조류를 기반으로 한 바이오 에너지 생산에 대한 연구는 〈엑슨 모빌〉이나 〈다우 케미컬〉 같은 에너지 회사들이 주로 수행하고 있다.

조류를 이용한 바이오 에너지 산업은 많은 환경적 장벽을 가지고 있다. 조류의 생산은 옥수수나 유채 같은 다른 바이오 에너지 재료보다 훨씬 많은 에너지를 사용하며 온실가스 배출이 많고, 또한 많은 물을 사용한다. 〈전과정평가〉 관점에서 조류는 우리가 기대하는 효율에 크게 못 미친다. 〈전과정평가〉란 원료 및 에너지의 소비, 오염물질과 폐기물의 발생 등 생산, 유통 및 폐기의 전 과정에 걸쳐 환경에 미치는 영향을 분석하는 것이다.

가장 큰 원인은 비료다. 개방된 연못에서 자라는 조류가 생존가능하고 그들의 성장을 촉진하기 위해서는 외부로부터 영양분, 즉 질소와 인 등을 공급해주어야 한다. 비료는 대개 원유를 원료로 하여 만들어지기 때문에 환경에 많은 영향을 미치게 된다. 만약 옥수수를 경작한다면 질소고정 효과를 얻기 위해 콩을 윤작할 수 있다. 그러나 조류를 얻기 위해서는 다량의 비료를 사용해야 하며 그 양 또한 막대하다. 이산화탄소 역시 조류의 배양 시 문제가 된다. 조류는 햇빛과 물을 이용하여 이산화탄소를 변환 가능한 연료 물질로 전환시킨다. 그러나 이산화탄소 역시 다른 곳으로부터 제공되어야 한다. 즉 화력발전소의 굴뚝이나 또는 다른 산업공급원으로부터 뽑아내야 하는데, 이것 역시 석유를 사용하고 난 부산물이다. 조류를 연료로 전환시키기 위해서 생산자는 조류 부유물을 분별하기 위해 원심분리를 해야 하는데 여기에도 상당한 양의 에너지가 소요된다.

조류가 미래의 잠재적인 에너지원이 될 수 없다는 뜻은 아니다. 그러나 조류를 이용한 지금의 성과는 매우 미미하므로 조류를 에너지원으로 사용해야 된다면 〈전과정평가〉 과정을 거쳐야 한다. 이를 통해 에너지 사용량과 오염물질 방출량을 산정해 환경경영의 구체적인 방안을 찾을 수 있을 뿐만 아니라 환경라운드의 대응책 마련을 위해서도 반드시 필요하다. 또한 조류 산업이 가시화되는데 필요한 재정적 및 기타 상황에 대한 면밀한 조사도 필요할 것이다.

우리나라는 현재 많은 휴경지를 갖고 있으며 휴경지 보상제도 같은 것이 시행되고 있다. 몇 년 전에 경험했던 국제 곡물 값 폭등 같은 식량 부족 문제도 결코 남의 일이 아니다. 곡물의 생산과 바이오 에너지의 생산, 그리고 이를 통한 이산화탄소의 배출 감소 같은 환경의 보전이라는 큰 틀은 첨단과학이 필요한 것도 거대한 자본이 요구되는 것도 아니다. 첨단과학을 통한 신재생 에너지의 발굴 및 생산도 중요한 과제이다. 그러나 남아도는 농토를 이용한 곡물생산을 통한 바이오 에너지의 생산은 몇몇 에탄올 추출장치만 갖춘다면 쉽게 경제적으로 이루어낼 수 있는 일이다. 앞으로의 우리의 삶은 첨단 과학기술의 성과와 함께 녹색환경이 조화를 이루어야만 하는 시대적 상황에 처해 있다.

Ⅲ. 세상을 바라보는 렌즈

1 생활 속의 건강

인간이 유한한 삶을 살면서 건강하게 사는 것처럼 중요한 가치는 없을 것이다. 특히 현대사회 같은 경쟁의 소용돌이 속에서는 잠조차 편히 잘 수 없을 때가 많을 정도로 지속되는 업무와 스트레스 속에 우리 몸은 노쇠해지고 병에 약해질 수밖에 없다.

사소한 생활습관에 의해 건강을 지킬 수 있는 방법과 과로가 심혈관계 질환에 어떠한 영향을 미치는가에 대한 연구 결과가 있다. 먼저, 양치질을 자주하면 심장이 좋아진다는 연구결과를 살펴보겠다. 이 얘기는 치과 의사가 하는 얘기가 아니라 심장-관련 의사가 하는 말이다. 연구 결과 하루에 2번 이상 양치질을 하지 않은 경우 심장관련 질환을 일으킬 가능성이 70% 증가되었다는 보고가 있다. 다음은 지난 5월 하순에 영국 의학잡지에 실린 조사내용이다. 연구자들은 35세 이상의 성인 11,869명을 대상으로 3~5년 동안 구강위생 및 관상혈관 질환을 조사하였으며, 이후 8년 동안 이들이 심장마비 또는 관상혈관 질환에 걸린 위험성에 대한 상관관계를 조사하였다. 조사 결과, 하루에 두 번 미만 양치질을 하는 사람들은 치과 내원, 체질량 지수, 심혈관계 질환의 가족력 같은 가능한 변수를 고려하더라도 심혈관 질환과 상관관계가 매우 높았다. 치주질환을 갖고 있는 사람은 심혈관계 질환에 걸릴 확률이 19% 증가하였으며, 65세 전후에 치주질환을 갖고 있는 경우에는 44% 증가하였다.

이러한 결과는 치주질환과 심장질환이 매우 밀접하게 연관 되어 있음을 나타내며 이를 연결하는 고리로 염증반응이 제시되었다. 즉 만성염증과 이에 대한 신체의 반응이 심장질환을 일으키는 원인의 한 가지라고 생각되고 있다. 치주질환은 가장 일반적인 만성 감염의 한 종류이다. 이번 연구의 일부로 조사 대상자의 혈액 시료를 채취하여 두 가지 염증반응 표지인자인 C-반응성 단백질과 피브리노겐을 조사한 결과, 구강 위생이 열악한 경우와 이들 표지標識 인자들 사이에 강한 상관관계를 발견했으며, 이는 염증반응이 구강 건강 및 심장 건강을 연결하는 고리 역할을 한다는 것을 보여주는 증거이다. 이러한 이유에서 양치질을 자주 하는 것이 심장질환을 예방하는 손쉬운 방법이라는 것을 알 수 있다.

현대인들은 원하든 원치 않던 간에 잔업이나 철야 등 정규 시간을 넘겨 일하는 경우가 많다. 규칙적인 시간을 넘겨 일한다는 것은 지갑은 두꺼워질 것이나 심장에는 엄청난 악영향을 끼치게 된다. 과중한 업무는 심혈관 질환의 발생 가능성을 높인다고 알려져 있다. 3시간 또는 그 이상 초과 근무한 사람은 협심증과 심장 마비를 포함한 심장-관련 질환에 걸릴 확률이 약 56% 높다고 알려져 있다.

이 연관은 흡연, 과체중과 고콜레스테롤 같은 다른 요인과는 상관이 없다. 이러한 위험 증가의 가능한 설명은 보다 많은 시간을 업무에 빼앗기는 사람들은 정상적인 일상생활을 유지하는 사람들보다 생활환경의 역전 또는 위험인자의 변화 등이 보다 일반적이기 때문일 것이다. 또한 고된 일로 인한 만성 스트레스 역시 물질대사 과정에 영향을 미칠 수 있다.

이것은 결국 선택의 문제이다. 절대적 수입이 필요한 계층에게는 허튼 얘기일수도 있다. 그러나 어쨌든 장시간 초과 업무는 심장질환을 일으킬 가능성이 매우 높으며, 따라서 가슴 통증 같은 증상을 심각하게 생각할 필요가 있다. 또한 혈압 같은 심혈관 질환 위험 요소를 규칙적으로 체크하고 적절하게 치료를 해야 하며 궁극적으로는 생활양식을 바꿔야 할 것이다. 영국의 철학자 〈버트란트 러셀〉은 이렇게 말했다. "내가 의사라면 일이 중요하다고 생각하는 환자들에게 휴일을 처방할 것이다".

2 환경 호르몬

비스페놀 A(BPA)는 현대인들이 일상생활 중에 흔히 노출되는 화학물질 중의 하나이다. 6~85세에 이르는 2,000명을 대상으로 연구를 진행한 미국 〈질병통제 및 예방본부〉의 조사 결과에 따르면 조사 대상 중 93%에서 BPA가 검출되었다. BPA는 폴리카보네이트수지, 에폭시수지, 페놀수지, 가소성 폴리에스터, 산화방지제 및 염화비닐안정제 등의 원료로 사용되고 있다. 폴리카보네이트는 투명도가 좋아 플라스틱 병이나 안경코팅 등 우리 주변에서 다양하게 사용되고 있다.

왜 BPA에 관심을 가져야 하는가? BPA는 앞에서 언급한 것 외에도 우유병, 음료수 용기와 DVD 등 우리 주변의 많은 생활용품에 사용되고 있다. 미국 〈의학연합〉 잡지에 따르면 고농도의 BPA는 심장질환, 당뇨와 간질환 등과 관련이 있다. 〈국립 독성 프로그램〉은 BPA가 어린이들의 정상적인 발육을 억제할 것이라고 경고하고 있다.

'미국 과학' 잡지에 보고된 자료에 따르면 BPA에 노출된 환경에서 일하는 사람들의 정자의 질이 악화된다는 결과가 보고되었다.

BPA는 생식기형, 심혈관 질환과 암 등 많은 질환과 관련되어 있다. 이러한 위해危害에 대한 그간의 자료 대부분은 실험동물 및 실험실에서의 연구결과였기 때문에 BPA가 인간의 건강에 미치는 정확한 영향에 대해서는 논란이 많았다. 이런 점에서 BPA의 체내 축적 수준이 정자의 질에 영향을 미친다는 보고는 많은 시사점을 제시하고 있다. 연구자들은 BPA에 노출된 곳에서 일하는 218명의 노동자들을 대상으로 소변(BPA 측정)과 정액(정자의 수 및 운동능력)을 조사하였다. BPA에 노출된 사람들은 대조군에 비해 정자의 숫자가 4배나 낮아졌고 정자의 운동능력(질에 사정된 정자는 난관까지 이동해야 수정이 이루어짐)은 2배나 감소되었다. 연구집단에 속한 사람들 중 일부는 공장에서 BPA에 노출된 사람이 아니라 BPA가 포함된 음식물 저장 그릇 또는 음료수 병 등 일상생활에서 BPA에 노출된 사람들이다. 일상생활에서 BPA에 노출된 사람들조차도 그들 몸에서 검출된 BPA 농도에 비례하여 정자의 수 및 운동성 감소가 관찰되었다.

BPA는 신체 내에서 에스트로겐으로 작용하는 한편, 항-안드로겐 물질로 작용하여 호르몬과 호르몬 수용체를 파괴시키고 그 결과 호르몬에 의존적인 정자의 생성과 생존율에 영향을 미친다. BPA를 다루는 공장에서 일하는 노동자들은 대조군에 비해 소변에서 검출되는 BPA의 농도가 약 40배 높았다(일반인 평균은 리터 당 2.3 마이크로그램, BPA에 직접 노출된 사람은 리터 당 38.7 마이크로그램이 체내에 축적). 미국의 BPA 하루 섭취 허용기준은 리터 당 2.6 밀리그램으로 BPA에 직접 노출된 곳에서 일하는 사람들에서 검출된 수치보다 약 70배나 높게 설정되어 있다. 이러한 결과에 놀란 미국의 FDA는 현재 BPA를 "관심을 두고 있는 화학약품" 리스트에 올려놓고 BPA의 사용규제를 검토하고 있으며 미국 의회도 BPA의 사용금지 법안을 놓고 토론을 진행 중이다.

사람들이 얼마나 많이 또 얼마나 흔하게 BPA에 노출되는가는 논쟁 중에 있다. BPA가 4~6시간 내에 체외로 신속하게 배출되기 때문에 염려하지 않아도 된다는 견해는 인간이 다양한 BPA 함유 생활용품 및 실내장식 물건에 노출되어 있기 때문에 안이한 생각이다. BPA가 들어간 플라스틱 제품은 전자레인지를 사용하거나 뜨거운 물을 사용하면 BPA가 용출되어 직접 몸으로 BPA를 섭취할 수 있다. 그간의 연구 결과를 종합하면 BPA는 태아의 발생과정, 어린이의 성장과정 및 심혈관질환, 당뇨와 성기능 장애 등에 심각한 영향을 준다. 또한 BPA는 남성들뿐만 아니라 여성들에게도 동일한 위해를 끼친다. BPA가 정자에 영향을 미친다면 신체의 다른 부위에도 영향을 미칠 것이란 것은 자명自明한 일이다. 결론적으로 BPA는 우리가 생각하는 것보다 훨씬 심각한 독성을 가지고 있다.

우리의 일상생활 속에서 어떻게 BPA의 함유 여부를 확인할 수 있는가? 대부분의 플라스틱 제품들은 재활용을 위해서 사용 소재素材를 표시 해놓고 있다. 가능하다면 BPA가 함유된 재질의 용기를 피하는 것이 상책이다. 최근 들어서는 BPA가 전혀 들어있지 않은 무-BPA(BPA-free) 젖병 및 생활용품들이 판매되고 있다. 궁극적으로는 생활용품으로 사용되는 물건들에는 BPA의 사용을 전면 금지해야 한다. BPA가 캐나다에서는 독성물질로 분류되고 미국에서는 안전한 것으로 허용되고 있으나 앞에서 언급한 것처럼 곧 규제에 나설 것으로 보인다. 따라서 현재의 미국 기준이 적용되고 있는 국내의 경우도 시급히 BPA의 사용을 규제해야 할 것이다.

3 구제역

요즘 전국에서 발생하는 구제역은 동물에 생기는 전염성이 높은 바이러스성 질병으로 소, 양, 염소, 돼지 등 거의 모든 우제류에 생길 수 있다. 들소, 사슴, 영양 등과 같은 야생 초식동물도 이 병에 걸릴 수 있다. 구제역의 초기 증상은 혀, 입술, 유두, 갈라진 발굽 사이 등에 통증이 심한 물집이 생기는 것이다. 구제역의 징후는 감염 후 3일 안에 나타난다. 구제역 바이러스는 수소이온농도(pH)가 중성인 림프절과 골수에서 생존하나 사후강직死後强直 후 수소이온농도가 6.0 이하로 떨어지는 근육에서는 쉽게 파괴된다. 이런 이유에서 살처분殺處分이 매우 유효한 구제역 차단 수단이다. 지금까지 일곱 가지 유형의 바이러스가 알려져 있으며 60종 이상의 변종이 존재한다. 한 종류의 바이러스에 대해 예방접종을 한다 해도 다른 유형의 바이러스에는 효과가 없다. 우리나라의 경우 1934년에 구제역이 발생한 이후 2000년 봄에 경기도 파주와 충청남도 홍성 등에서 발생해 엄청난 피해를 끼친 후 다시 전국을 휩쓸고 있다.

구제역은 북미와 호주, 뉴질랜드, 일본, 칠

레 및 유럽의 여러 나라들과 몽고, 중국 및 우리나라 등 거의 전 세계적으로 발생하고 있다. 구제역에 의한 피해는 엄청나다. 보통 경미한 동물 유행병의 치사율은 5%정도이나 악성 구제역의 치사율은 50%에 이른다. 살아남은 동물도 먹이를 제대로 섭취하지 못해 체중이 감소하고 젖을 생산하는 동물의 경우는 젖의 양도 현저하게 줄어들며 유산이 잘 되고 유방염이 흔히 생기며 2차 감염도 잘 된다.

구제역을 일으키는 앱토 바이러스는 특히 추운 날씨에 맹위를 떨친다. 지금 구제역을 발생시키고 있는 균주는 범-아시아pan-asia 유형으로 특히 고전염성이다. 병든 동물은 증상이 나타나기 며칠 전부터 바이러스를 방출하기 때문에 직접적인 접촉에 의해 쉽게 전파된다. 구제역 바이러스는 축축한 땅이나 감염된 동물 사체 내에서 한 달 이상 생존할 수 있다. 구제역이 쉽게 확산되는 것은 구제역 바이러스가 공기를 통해 장거리를 이동할 수 있기 때문이다. 바람에 의해 바이러스 입자는 육상에서 약 60km를 이동할 수 있으며 해상에서는 약 250km를 이동할 수 있다. 겨울철에 휘몰아치는 바람은 구제역 바이러스를 옮기기에 적당한 환경이다. 지난 2001년의 구제역 발생은 몽고와 중국으로부터의 강한 먼지바람에 의해 일어났다는 보고가 있다. 구제역 바이러스는 확산성이 뛰어나기 때문에 슬프지만 선제적인 살처분만이 유일한 대책이다. 1967년의 영국의 실례를 보면, 구제역 증상이 나타난 후 24시간 이내에 감염된 동물을 살처분한 경우 전체 농장의 30%가 감염되었으니 살처분하지 않은 지역에서는 전체 농장의 79%가 감염되었다. 또한 감염농장 반경 3km 이내의 동물들을 예방접종한 결과 구제역의 전파를 감소시킬 수 있었으나 예방접종만으로는 불완전했다. 이미 바이러스에 감염된 동물들은 예방접종 효과가 없기 때문에 구제역을 통제하기 위해서는 살처분과 예방접종을 동시에 진행하는 정책이 필요하다.

구제역은 무척 다루기 어려운 감염성 질병이다. 구제역은 전 세계적으로 나타나기 때문에 어느 순간 우리나라에서도 구제역이 출현할 수 있어 평상시에도 동물 및 동물 부산물의 유입 시 검역을 철저히 진행해야 한다. 일단 구제역이 발생했을 때 초기에 차단하지 못하면 전국으로 확산되는 것은 시간문제이다. 구제역을 예방하기 위한 예방접종 시 여러 종류의 구제역 바이러스가 있기 때문에 구제역을 발생시킨 바이러스 유형에 맞는 백신을 처리해야 한다.

구제역 발생의 원인은 다양하게 유추할 수 있다. 첫째는 규모의 축산을 추구하다보니 대량사육 및 집단화가 이루어져 있다는 것이다. 이 때문에 한번 발생한 구제역은 방역이 거의 불가능해질 수 있다. 축산폐수 처리 등의 문제 때문에도 집단화되는 경향이 있으나 대규모의 축산은 이러한 위험에 항상 노출되어 있다. 두 번째는 성장촉진을 위해 축산 농가들이 다량의 항생제를 사용하고 있다는 점이다. 항생제 사용 때문에 항생제 내성균주의 출현 및 면역력 약화가 초래되었고 이로 인해 발병 가능성이 높아졌다. 이 문제는 잔류 항생제 검사 등을 통해 항생제 사용을 감소 또는 중단시킬 수 있다고 여겨진다. 또한 끊임없이 증가하는 국제무역과 여행은 구제역의 확산 가능성을 더욱 증가시키고 있다. 세계화의 그늘이 축산농가의 생계와 우리의 먹거리를 위협하고 있다.

4 바이러스

수천 년 전부터 바이러스는 인간을 포함한 동식물에 여러 질병을 유발하였다. 바이러스라는 용어는 '독소'라는 라틴어 'Virus'에서 유래하였다. 이름에서 알 수 있듯이 바이러스는 인간에게 수많은 질병을 일으켜왔다. 바이러스는 질병을 일으킨다는 면에서뿐만 아니라 생명현상을 이해하는데 중요한 실험재료로도 사용되어왔다. 우두 바이러스와 광견병 바이러스를 통해 백신개발이 가능하였고 DNA가 유전물질임을 증명하는데 사용된 재료도 T2 박테리오파지였다.

바이러스는 인간뿐만 아니라 모든 생물체에 감염될 수 있다. 식물 바이러스는 농작물의 수확감소를 일으키기 때문에 집중적으로 연구되어 왔다. 의사들은 돼지의 장기를 사람에게 이식할 경우 돼지의 레트로 바이러스가 인간에게 전파될 가능성을 경고하고 있다. 바이러스는 자궁경부암과 카포시육종 같은 다양한 종류의 암을 유발하기도 한다.

바이러스의 기원은 알 수 없지만 바이러스도 다른 유전체와 마찬가지로 진화한다. 바이러스 진화의 예는 토끼의 점액종 바이러스에서 볼 수 있다. 점액종 바이러스는 1950년에 호주에서 농작물에 해를 끼치는 야생 토끼를 없애기 위해 도입하였다. 이 사업은 초기에는 성공적이었으나 불과 2년 만에 이 바이러스는 더 이상 작용하지 못하였다. 최초의 바이러스와 2년 뒤에 감염된 야생토끼에서 분리한 바이러스를 비교한 결과 두 바이러스 사이에 큰 차이점이 존재하였다. 최초의 바이러스에 감염된 토끼의 99% 이상이 2주안에 죽었으나 2년 뒤에 분리된 바이러스의 80%는 치사율이 70~95%로 감소하였고 감염된 토끼의 생존기간 역시 2배로 증가하였다. 즉 야생형의 점액성 바이러스가 독성이 약한 형태로 진화된 것이다.

사람의 후천성 면역결핍증 바이러스(HIV)가 발견된 이후 지난 30여 년간 2,000만 명 이상이 죽었고 이 바이러스에 감염된 사람은 거의 두 배에 이른다. 아프리카에서는 HIV의 폭발적인 감염으로 인구가 격감하기도 했다. 현재는 HIV에 대한 항바이러스제 개발로 감염된 사람들의 수명이 연장되고 생활의 질이 나아지기는 했지만 아직도 완전한 치료법이나 백신은 없는 형편이다.

에볼라(Evola) 바이러스는 그 동안 HIV에 견줄 정도의 희생자가 나오지 않았지만 최근에 서아프리카에서의 창궐은 HIV 보다 더 위력을 떨치고 있으며 그 증상이 처참하고 전염성이 강해 재기 재난 영화의 소재가 되기도 하였다. 1989년에 〈리처드 프레스톤 Richard Preston〉이 저술한 '열구역(The Hot Zone)'에서 저자는 실제로 일어난 사건을 중심으로 공상과학 소설처럼 에볼라 전염병에 대해 서술하였다. 에볼라 바이러스는 혈액, 조직과 체액을 통해 다른 사람에게 전파될 수 있고 출혈열을 일으킨다. 에볼라 바이러스에 감염되면 50% 이상의 치사율을 보일 정도로 무섭다. 치료법이 없기 때문에 발병되면 격리공간에서 생사의 갈림길을 운명에 맡길 뿐이다. 최근 뉴욕 타임즈에 실린 에볼라 관련 기사의 제목이 〈에볼라에 대해 얘기하는 것도 두렵다〉라는 표현에서 이 질병의 심각성을 잘 알 수 있다.

인간의 생활이 다른 동물과 연관되어 있는 한 감염성 질병을 공유할 수밖에 없다. 이런 감염성 질병을 일으키는 병원균은 결코 박멸시킬 수 없고 단지 조절만 할 수 있다. 인간은 백신과 다른 방법들을 이용하여 감염성 질병으로부터 자신을 보호할 수 있다. 자취를 감춘 천연두 같이 질병 박멸에 대한 인간의 꿈은 인수공통 질병에는 적용되지 않는다. 다른 동물 종에 살고 있는 질병 매개체는 그 동물을 박멸시키지 않는 한 공존할 수밖에 없다.

많은 전염성 바이러스가 박쥐에 감염되어 있으며 인간에게도 큰 영향을 미치고 있다. 그러나 박쥐는 생태계에서 엄청난 중요성을 가지고 있다. 박쥐 유래 질병이 많다고 해서 박쥐를 박멸시킬 수는 없다. 해결책은 이러한 질병의 실체를 이해하고 잘 다루는 수밖에 없다. 한편, 인간에 감염된 병원체가 다른 동물을 감염시킬 수도 있다. 아프리카에 서식하는 고릴라, 침팬지와 원숭이 등은 과학자나 관광객이 옮긴 병원균에 의해 감염되었다. 이들 동물에서 세균이나 원생동물 병원균과 함께 홍역, 소아마비와 인플루엔자 바이러스 등 인간 유래 바이러스가 검출되고 있다.

잠깐 조는 것이나 깊은 잠에 빠지는 것 모두 수면의 일종이다. 일반적인 성인은 일생동안 200,000시간 이상 수면을 취한다고 알려져 있다. 이 시간을 날수로 계산하면 8,000일 이상이다. 인간은 자신의 삶의 약 3분의 1을 수면으로 소비하고, 잠자는 시간의 4분의 1 동안은 꿈을 꾼다. 그러나 우리가 잘 때 어떤 일이 일어나는지에 대해서는 이제 연구가 시작되고 있다.

저명한 수면 연구가인 〈카를로스 쉥크Carlos Schenck〉 박사는 수면이 이루어지는 기작과 수면이 정상적으로 이루어지지 않았을 때 일어나는 일들에 대한 내용을 담아 2007년에 〈수면〉을 출간하였다. 〈쉥크〉박사는 '미네소타 지역 수면장애 센터'의 정신과 의사이자 미네소타 의과대학의 교수이다. 그는 수많은 수면 이상행동에 대한 연구를 통해 수면의 특성과 왜 수면이 필요한가에 대한 영역을 개척하고 대중에게 효과적으로 설명하여 언론계에도 잘 알려진 유명인사다.

수면은 조류, 파충류와 포유동물 등에서 일반적으로 나타나는 현상으로 최근에는 파리와 초파리조차도 수면을 취한다는 사실이 밝혀졌다. 장기적인 수면 박탈은 여러 행동 이상과 죽음을 초래할 수 있다. 따라서 수면은 에너지를 얻기 위한 섭식행동 및 호흡과 같은 적극적인 생명 활동 현상이라 할 수 있다.

인간은 어느 정도 수면을 취하지 않을 수 있지만 결국 자야만 한다. 지금까지 가장 긴 시간 동안 수면을 취하지 않은 기록을 가진 〈랜디 가드너Randy Gardner〉는 당시 17세의 고등학생으로 자신의 친구들을 증인으로 세워 놓고 276시간 동안 수면을 취하지 않았다. 〈가드너〉는 수면을 취하지 않은지 2일째에 초조감과 메스꺼움을 느꼈으며 4일째는 망상에 빠지기도 했다. 7일째는 몸이 떨리고 발음이 부정확했으며 뇌파에서는 각성을 나타내는 알파파가 더 이상 관찰되지 않았다. 다행스럽게도 〈가드너〉는 긴 시간 동안 수면을 취하지 않으면서도 정신적 이상 행동은 보여주지 않았다.

왜 잠을 자야만 하는가? 오랜 연구에도 불구하고 수면이 졸음을 극복한다는 정도의 우스갯소리를 주고받을 정도로 수면에 대한 연구는 아직 시작단계이다. 생물학적으로 정의하면 수면은 환경에 대한 반응과 환경과의 상호작용이 감소된 것으로 즉시 역전이 가능한 상태를 이른다. 이 정의에 따르면 전신마취나 혼수상태는 즉각적인 역전이 가능하지 않기 때문에 수면이라 할 수 없다.

오랜 시간 동안 수면을 취하지 않으면 심각한 육체적 그리고 행동적 문제가 야기된다. 대뇌피질 같은 뇌 영역은 특정 형태의 수면단계에서만 휴식을 취할 수 있다. 수면의 기능에 대해 널리 받아들여지는 이론은 〈회복과 적응〉 이론이다. 〈회복과 적응〉 이론에 따르면 휴식을 통해 회복하기 위한 수단으로 수면을 취한다. 그러면 무엇을 회복시킨다는 것인가? 아직까지 수면에 의해 회복되는 물질이나 생리적 과정에 대한 이해는 부족하다. 〈회복과 적응〉 이론에 따르면 열악한 환경 또는 침입자나 포식자로부터 자신을 지키기 위해 그리고 에너지를 비축하기 위해 수면을 취한다. 예를 들어 올빼미나 여우가 서식하는 지역에서 다람쥐가 밤에 활동하는 것은 매우 위험하다. 다람쥐의 최신의 생존전략은 밤 동안 굴속에서 안전하게 수면을 취하는 것이다. 수면은 에너지를 보존하기 위한 적응이기도 하다. 수면을 취하는 동안 신체는 생존에 필요한 정도의 대사활동만 하고 체온을 낮게 유지하는데 곰의 동면이 그 예이다.

수면은 종종 꿈을 동반하기 때문에 인간에게는 신비의 영역이기도 하다. 그래서 해몽가와 역술인들이 꿈을 해석하며 길흉화복을 점치기도 한다. 잠자는 백설 공주, 한여름 밤의 꿈, 백일몽 등 수면과 그 속에서 생성되는 꿈은 철학, 예술, 문학의 주된 소재이자 과학적 탐구대상이기도 하다.

수면 중에 꾸는 꿈은 무엇인가? 〈지그문트 프로이트〉는, 꿈은 가장된 소원성취와 각성 시에는 금지된 성적이고 탐욕적인 욕망을 표현하는 무의식적 과정이라고 주장하였다. 그러나 최근의 꿈에 대한 설명은 보다 생물학적인 차원에서 이루어지고 있다. 하버드 대학의 〈앨런 합슨Alan Habson〉과 〈로버트 맥칼리Robert McCarley〉가 주장한 〈활성-합성〉 이론이 그것이다. 그들의 주장에 따르면 꿈은 뇌파가 깨어있는 상태처럼 보이는 급속안구운동 수면(REM 수면: 깨어 있는 상태에 가까운 얕은 수면이며 안구의 빠른 운동에 의해 구분되는 수면의 한 단계) 동안 뇌교의 무작위적인 방전에 의해 유도되는 대뇌피질의 연합과 기억으로 생성된다. 즉 뇌교의 뉴런은 시상을 통해 대뇌피질의 다양한 부위들을 활성화시켜 영상이나 감정을 유도하고 피질은 상이한 영상을 분별할 수 있는 전체를 합성한다. 이렇게 볼 때 합성된 꿈 산물은 뇌교의 무작위적인 활동에 의해 유발되기 때문에 현실적이지 못하고 아주 기이할 수도 있다. 그러나 아직까지 뇌교의 무작위적인 활동이 꿈에 담겨져 있는 복잡하고 불안정한 이야기들을 어떻게 유발하는지에 대한 직접적인 증거는 없다.

인간에게 필요한 수면시간은 얼마나 될까? 이것은 우리가 아침에 어떻게 느끼는가가 중요하다. 대부분의 성인들은 7~8시간 정도의 수면이 필요하다고 한다. 수면을 길게 취하는 사람도 있고 짧게 취하는 사람도 있듯이 수면시간은 수면의 기능적 효과를 고려해야 할 것이다.

6 니코틴 중독

담배는 가지 과科에 속하는 다년생초의 말린 잎을 가공한 것을 말한다. 담배 작물의 원산지는 남아메리카 열대지방이라 알려져 있으며 인류가 담배를 사용하기 시작한 것은 신석기 시대부터라는 설이 지배적이다. 우리나라에는 1600년대 초반에 일본으로부터 담배가 전래된 것으로 전해진다. 이때 들어온 담배는 주로 양반 계급인 고관대작과 부유층의 기호물로 애용되었으며 나아가 만병통치약으로까지 인식되어 필수품으로 대접받기도 했다. 이렇듯 담배는 전 세계적으로 커피와 더불어 주된 기호품으로 사랑받아 왔으나 최근 들어서는 건강의 적으로 인식되어 갖은 핍박을 받고 있다.

인간은 흡연에 의해 수천 종류의 위험한 화학성분을 흡입할 뿐만 아니라 다수의 미생물을 흡입하여 폐에 살아 있는 세균이 전달될 수 있고 그로 인해 감염과 만성 질환이 생길 수 있다. 담배에는 폐질환과 호흡기 감염을 일으킬 수 있는 수백 종류의 세균들이 존재한다는 것이 최근 밝혀졌다. 그동안 공중보건 연구자들은 담배가 탈 때 생기는 화학물질과 입자가 건강에 미치는 영향에 대해 연구 초점을 맞추어왔다. 그러나 최근의 연구 결과, 담배는 감염과 질병의 잠재적 원천이 될 수 있다는 사실이 밝혀졌다. 즉 흡연자들은 화학물질뿐만 아니라 병을 일으킬 수 있는 병원균까지 흡입한다는 것이다. 시중에서 판매되는 담배를 조사한 결과 놀랍게도 많은 종류의 세균 그리고 인간에게 병을 일으킬 수 있는 병원균까지도 다수 존재한다는 것이 밝혀졌다.

흡연은 인체의 거의 모든 기관계에 해를 끼친다. 흡연 시 발생하는 약 4,000종의 화학물질과 중금속 그리고 미세입자들은 폐암과 만성 폐쇄성 폐질환의 원인으로 작용할 수 있다. 게다가 최근의 연구 결과 흡연은 감기, 천식, 세균성 폐렴과 간질성 폐질환 같은 호흡기성 질환을 일으키는 위험 요소라는 것도 밝혀졌다.

세균이 담배 잎에 존재한다는 것은 오래 전부터 알려져 왔으나, 가공과정 등을 고려할 때 완성 담배에 세균이 오염되어 있을 것이란 생각은 없었으며 실제로 담배 속에 존재하는 세균이 흡연에 의해 사람들에게 해를 끼치는지에 대한 연구는 전혀 없었다. 연구팀은 세계적으로 유명한 상품을 포함한 모든 담배에서 700종 이상의 세균을 검출하였다. 연구팀은, 그들의 이런 결과는 오히려 상당히 낮게 나타난 수치이며 실제로는 담배에서 검출되는 화학물질과 같이 수천 종에 가까울 것이라 추측하고 있다. 연구팀은 조사한 담배 상품 모두에서 발견된 세균 숫자상의 큰 차이는 없었다고 밝혔다.

담배를 가공하기 위해서는 담배 잎을 세균이 최적 밀도로 자라기에 적합한 조건으로 발효시킨다. 이 과정을 거치면서 담배 한 개비당 약 100만 마리 이상의 세균이 존재하게 되는데, 이들은 살아있으며 증식 가능하다. 연구팀은 담배 개비에서 담배 잎 절편을 꺼내어 세균이 자랄 수 있는 영양분이 들어있는 배양접시에 방치한 결과 세균 군락이 형성되는 것을 확인하였다. 연구팀은 15 종류의 서로 다른 세균과 한 종류의 병원성 균을 분리하였다. 분리한 미생물 중 위험한 것으로는 아시네토박터, 고초균, 클로스티리디움, 녹농균, 클레프시엘라균과 세라티아균이 있으며, 조사한 담배 상품 중 90% 이상에서 이들 세균이 발견되었다. 병원성 균으로는 캄필로박터, 엔테로코커스, 프로테우스와 포도상구균 등이 발견되었다. 이들 미생물은 급성 감염질환을 일으키며 암과 신경질환 같은 만성질환의 위해요소로 알려져 있다. 일부 죽은 세균조차도 내독소를 방출하여 염증을 일으키는 세포를 활성화시킬 수 있다.

우리가 피우는 담배에 수많은 미생물들이 오염되어 있다는 것이 밝혀졌다. 이제 흡연은 담배연기 뿐만 아니라 담배에 존재하는 미생물까지 흡입한다는 것을 흡연자들은 알아야 한다. 지금까지 우리는 담배를 피우는 사람들을 흡연자라 불러왔다. 그러나 흡연자란 표현은 좀 부드럽다는 생각이 든다. 알코올 중독, 커피 중독처럼 니코틴 중독이라 하면 어떨까?

7 음주

음주는 우리나라뿐만 아니라 전 세계적으로 행해지고 있는 정상적이고 사회적이며 의례적인 생활습관이다. 음주는 기본적으로 사회적 활동수단이며, 대부분의 음주가들에게 사회성은 의심할 여지가 없는 음주 이유이다. 인류학자들의 연구에 의하면 우리나라뿐만 아니라, 중국, 덴마크, 이집트 등 대부분의 나라 사람들은 알코올이 사회성 형성에 필수불가결하다고 말한다. 호주나 뉴질랜드, 캐나다 사람들을 대상으로 한 연구에서도 음주는 교제의 중요한 부분으로 나타났다. 대규모 집단을 대상으로 행한 연구에서도 사회성과 우정은 음주의 주된 목적이다.

알코올에 의한 기분전환 효과는 집단적인 자리에서 더욱 상승한다. 실험 결과, 알코올과 주스를 함께 제공받은 집단이 주스만 제공받은 집단보다 더 큰 사회성을 보여주었다. 또한 알코올이 들어있다고 생각되는 비알코올성 음료를 마신 집단에서도 동일한 사회성 향상 효과가 나타났다. 이렇듯 현대인의 음주는 사회성 확보 차원에서 이루어진다고 생각할 수 있다. 또한 음주는 성인이 다는 뱃지이며 통과의례라 할 수 있다. 그러나 지나친 음주로 인한 건강 상실, 그로 인한 의료 서비스, 교통사고, 생산성 감소와 음주관련 범죄의 증가 등은 국가적으로 낭비 요인이 되고 있다.

적당한 양의 알코올 섭취는 심혈관계 질환에 대한 예방효과를 통해 사망률 감소에 기여한다는 주장들이 제기되어 왔다. 알코올 섭취로 얻는 정신적 이점은 스트레스 감소, 기분 전환, 인지 능력의 부분적 상승과 우울증 같은 임상 증상의 완화 등이 있다. 그러나 대부분의 음주는 건강을 위해서라기보다는 습관적으로 이루어지고 있다. 알코올은 섭취하는 양에 관계없이 육체뿐만 아니라 정신 건강까지 해친다. 정신건강 문제는 음주 때문에 생기기도 하고 반대로 정신건강 문제 때문에 사람들이 더 많은 음주를 한다. 알코올은 번민, 우울증 그리고 보다 심각한 정신건강 문제까지도 일시적으로 경감시켜줄 수 있다. 이것은 알코올이 뇌의 화학적 환경을 변화시키기 때문이다. 알코올은 중추신경계를 억제하고 잠재적 감정을 확대시켜 화를 내거나 공격적으로 만든다. 알코올은 뇌가 번민이나 우울증으로부터 벗어나도록 하는 신경전달물질을 소진하거나 그 양을 줄인다. 그 결과 사람들은 다시 술을 마시게 되고 이러한 위험스런 회로가 반복된다.

알코올의 중독 효과는 유전적, 정신적, 문화저 그리고 환경 요인에 따라 다양하게 나타난다. 혈중 알코올 농도가 50mg% 정도이면 인지능력 상실이 뚜렷하며 학습, 기억 그리고 복잡한 정보의 가공 등에 장애를 입는다. 연구된 모든 집단에서 하루에 40그램 이상의 알코올을 섭취한 경우 뇌조직의 손상과 함께 인지능력의 급격한 감소가 관찰되었다. 만성적 알코올 중독자들은 심각한 뇌손상과 인지능력 상실이 초래되었으며 극단적인 경우 알코올성 치매가 초래되기도 한다. 이런 문제를 해결하기 위해서는 결국 적당한 음주가 이뤄지도록 음주문화의 개선이 요구된다.

음주가 우리 주변에서 떨쳐내기 어려운 일이라면 몇 가지 제한을 가해 우리의 정신적, 경제적, 육체적 건강을 유지해야 한다. 그러기 위해서는 음주가 가능한 장소와 시간을 한정해야 한다. 아무 곳에서나 아무 때나 술을 마시게 해서는 안 된다. 선진국 대학에서는 어느 공간이든 교내에서의 음주가 금지되어 있다. 축제 때에도 교내에서 술판이 벌어지는 일은 결코 없다. 우리 대학처럼 축제하면 주막부터 차리는 문화는 사라져야 한다. 공원이나 학교 근처 및 공공장소에서는 담배처럼 음주도 금지시켜야 한다. 음주가 가능한 공간은 특별한 환경이어야 한다. 술집의 경우도 마찬가지이다. 서구 유럽처럼 술집 내부는 개방된 공간이어야 하고 큰 창을 통해 외부에서도 가게 안의 고객과 시설이 투명하게 보여야 하며 영업시간도 제한해야 한다. 우리나라는 대부분의 분야에서 선진국 수준에 이르렀으나 음주 문화는 여전히 후진국 수준이다. 청소년들은 부모세대의 일상적이고 무분별한 음주를 몸으로 배우면서 기성세대에 편입된다. 잠을 자는 것이나 먹는 것처럼 음주도 상식적인 행동의 범주 안으로 들어오도록 우리의 의식을 적극적으로 바꾸어야 할 것이다.

8 황사

황사는 봄철에 주기적으로 발생하는 기상 현상이다. 황사는 몽골, 북중국과 카자흐스탄의 사막에서 매우 빠른 표면 바람이 일어 강한 먼지폭풍이 일어나 곱고 건조한 토양 입자로 구성된 조밀한 구름을 형성하여 발생된다. 이 구름은 바람을 타고 중국과 한반도 및 일본 그리고 일부는 러시아의 극동지역까지 날아간다. 종종 공기 중의 입자는 상당한 농도로 미국에까지 다다르곤 한다.

황사에 대한 기록은 BC 1150년에 작성된 고대 중국 문헌에도 나온다. 우리나라에서는 신라시대인 AD 174년에 황사에 대한 최초의 기록이 존재한다. 이때는 황사를 우토雨土라 했는데 그 의미는 '비모래'라는 뜻이다. 그 시대에는 황사가 내리는 것은 신이 노하여 비나 눈 대신에 먼지를 내린다고 기록되어 있다. 황사가 발생하면 통치자는 모든 종류의 유흥을 중지하고 경외의 시간을 보냈다고 한다. 기록에 의하면 엄청난 먼지가 떨어졌다거나 먼지에 의해 밤 같이 어두워졌다고 하니 요즘의 황사와 유사하다고 할 수 있다. 이외에도 황사에 대한 기록은 백제, 고구려 및 조선시대에도 종종 나타난다.

이처럼 이전에도 존재하던 황사가 황사 발원지 부근의 댐 축조에 의해 사막화가 빠르게 진행되어 이전보다 더 빈번하게 발생하고 있다. 또한 카자흐스탄과 우즈베키스탄에서는 지난 수십 년 동안 중앙아시아에 물을 대어 목화를 재배하기 위한 〈소비에트 농업 프로그램〉에 따라 아무르강과 시르강의 우회로를 개설하였고 이로 인해 사막화가 더욱 빠르게 진전되고 있다.

황사에 들어있는 오염물질은 무엇일까? 황사에는 황(산성비 성분), 검댕, 분진, 일산화탄소, 중금속(수은, 카디뮴, 크롬, 비소, 납, 아연, 구리), 발암물질을 포함한 독성 물질과 바이러스, 세균, 균류, 살충제, 항생제, 석면, 제초제, 플라스틱 성분 및 환경호르몬인 프탈산 등이 포함되어 있다. 황사를 구성하고 있는 모래 자체는 토양에 해롭지 않으나 황의 방출 및 그로 인한 산성비에 의해 농작물이 해를 입을 수 있다. 황사는 토양에 재와 검댕 그리고 중금속 및 잠재적으로 위험한 생체물질 등을 축적시켜 토양을 황폐화시킨다. 또한 초본류와 곡식 등에도 해를 끼치며 동물들의 서식지를 파괴한다. 독성 금속은 생식계에 장해를 초래하는데 이들은 어류로부터 고등 포유동물로 먹이사슬을 통해 전달된다.

황사 먼지의 흡입은 목이 따끔거린다든가 천식, 눈이 아프거나 충혈 되는 등 여러 건강문제를 일으킨다. 기존에 천식과 호흡기 감염을 갖고 있는 사람들은 치명적일 수 있다. 황사에는 수은, 납, 알루미늄 등의 오염물질이 다량 포함되어 있기 때문에 오랜 시간 황사에 노출될 경우 피부에 영향을 끼쳐 접촉성 피부염 및 알레르기성 접촉 피부염 등을 유발 할 수 있다.

황사에 의해 공기의 가시도가 떨어지면 비행기의 이착륙이 불가능하고 육상여행 및 야외활동의 불가 등으로 엄청난 경제적 손실이 발생된다. 최근 들어 황사의 발생을 최소화하기 위해 한국과 중국은 황사 발원지에 나무심기 운동을 벌이고 있다. 중국은 국제적 지원을 받아 사막 지역에 약 120억 그루의 나무를 심었다. 그러나 일부 지역에서는 바람이 너무 강해 나무가 쉽게 뽑혀나가거나 모래에 파묻히기도 한다. 거기에다 아직은 중국 정부가 적극적으로 나서고 있지도 않다. 2007년에 한국은 황사의 발생 및 이동 차단을 위해 수천 그루의 나무를 중국에 보냈다. 그러나 이 나무들은 사막이 아닌 고속도로 주변에 식재되어 문제가 되었는데 이에 대해 중국은 한국으로부터 나무를 받았을 뿐 어디에 심을지는 그들이 정한다고 주장하였다.

결론적으로 황사 진원지에 나무를 심는 방법으로 황사문제를 해결하기는 거의 불가능하다. 본질적으로는 거대한 댐의 축조나 관개수로의 개설 등의 개발 활동을 중지하는 것이 더 이상의 사막화를 막는 첩경이다. 인간의 무분별한 개발이 대재앙을 초래하고 있다. 다만 최신 기술의 발달에 따라 대형 황사의 이동을 예측할 수 있기 때문에 사전 준비를 하는 길만이 최선의 대비책이라 할 수 있다.

9 방사선과 건강

후쿠시마 원전에서 방사선의 광범위한 누출이 확인됨에 따라 전 세계 사람들에게 핵에 대한 극도의 공포감이 생기고 있다. 발전소 운영회사인 도쿄전력은 원자로 내의 압력을 감소시키기 위해 방사선 증기를 방출하였으며, 세 번의 폭발에 따른 방사선 누출이 있었기 때문에 방사선 수준의 폭발적인 증가는 의심할 여지가 없다. 그 이후 보고된 가장 높은 수치는 3월 15일 오전 10시 22분에 3번 원자로 부근에서 측정된 시간당 400 밀리시버츠(시버츠는 인체가 방사선에 피폭된 정도를 나타내는 단위임)이다. 사고지역으로부터 멀리 떨어질수록 방사선 수준은 극적으로 감소되었다. 사고가 난 곳으로부터 220km 떨어진 도쿄에서의 방사선 수준은 정상수치보다 약간 높았다.

방사선에 노출됐을 때 즉각적인 또는 장기간에 걸쳐 건강에 미치는 효과를 측정할 수 있을 것인가? 방사선 피폭이 건강에 미치는 효과는 방사선의 양, 유형 및 기간에 좌우된다. 우주로부터 오는 것과 건축물에서 방출되는 방사선 그리고 환경으로부터 유래한 자연발생적 방사선 물질을 전체적으로 계산하면 일반적인 사람들은 일 년에 2~3 밀리시버츠 정도의 방사선량에 노출된다. 미국의 〈핵통제위원회〉는 일 년에 이 수치보다 추가적으로 1 밀리시버츠 이상에 노출되면 안 된다고 경고한다. 방사선 종사자들은 일 년 피폭량을 50 밀리시버츠로 제한하고 있으나 실제 그러한 수치로 피폭된 종사자는 거의 없다.

진단 및 치료 목적으로 방사선을 조사받는 경우 노출에 대한 엄격한 제한은 없다. 진단 및 치료 목적으로 방사선을 사용할 때의 위험성과 이점을 판단하는 것은 의료 전문가의 몫이다. 예를 들어 한번의 CT 촬영을 하면 환자는 1 밀리시버츠 이상의 방사선에 피폭된다. 방사선병은 일반적으로 일 년에 최소 피폭기준으로 설정된 값보다 3,000배 이상의 수치인 3 시버츠의 방사선에 전신이 피폭될 때 생긴다. 방사선병의 초기 증상은 멀미, 구토와 설사로서 몇 분 내 또는 며 칠 내에 일어날 수 있다. 심각한 상태가 되면 식욕상실, 피로, 열, 위장관 문제, 발작, 혼수상태가 초래될 수 있다.

이번 후쿠시마 원전사고의 관심은 요오드 131과 세슘 137 같은 방사선 동위원소의 자연붕괴로부터 생성되는 이온화 방사선이다. 이런 유형의 방사선은 원자를 이온화시키기에 충분한 에너지를 갖고 있어 원자 또는 생체조직의 분자와 유독한 화학반응을 일으킬 수 있다. 이온화 방사선 중 감마와 엑스레이 방사선 원자는 신체를 투과할 정도로 강한 광입자를 방출한다. 알파와 베타 방사선은 단지 종이 몇 장에 의해 차단될 정도로 낮은 에너지를 갖고 있다. 그러나 방사선 물질을 섭취하였거나 흡입하였을 때는 낮은 에너지의 알파와 베타 방사선이 더욱 위험하다. 원자 수준에서 우리의 신체는 거의 비어있는 공간이다. 따라서 감마와 엑스레이 방사선은 신체를 직접 뚫고 지나가기 때문에 거의 영향을 미치지 못한다. 이에 비해 알파와 베타 방사선은 조직을 관통할 수 없어 신체 내의 원자와 충돌하며 심각한 손상을 입히게 된다. 후쿠시마 원전 사고 후 검출된 방사선 동위원소는 요오드 131과 세슘 137로 두 종류 모두 감마와 베타 방사선을 방출한다.

후쿠시마 원전 사고 후 일본 정부는 사고지역 반경 20km내의 180,000명을 안전지대로 소개疏開시켰다. 또한 원전 근처 30km 이내의 사람들에게는 모든 창문을 닫고 실내에 머물도록 하였으며 외출 시에는 옷을 갈아입고 노출된 피부를 씻도록 권고하였다. 이러한 노력은 대부분 베타선을 방출하는 방사선 물질의 섭취 및 흡입을 차단하기 위한 것이다. 몇 분 이내에 많은 양의 방사선에 단일 노출되는 것은 오랜 시간에 걸쳐 축적된 동일한 양에 비해 훨씬 해롭다. 1 시버츠의 방사선에 노출되면 일시적인 방사선병을 일으키며 백혈구 수치가 감소된다. 1~5 시버츠의 방사선에 노출되면 한 달 안에 노출된 사람의 절반이 사망하고, 10 시버츠에서는 몇 주 안에 모두 사망한다. 또한 이온화 방사선에 의한 DNA(유전물질)의 손상은 돌연변이를 일으켜 암을 유발한다.

체르노빌 사고 당시 노동자의 일부는 수 시버츠의 방사선에 피폭되었는데, 그들 대부분은 열 때문에 거의 노출된 상태로 일하였으며 그 결과, 오염된 입자들이 피부를 통해 흡수되었다. 체르노빌 재앙 여파로 수천 명의 어린이들이 앓게 되었는데, 이것은 직접적인 방사선 피폭과 방사선 입자의 섭취 때문이 아니라 요오드 131로 오염된 우유를 마셨기 때문이었다. 체르노빌 폭발에 의해 방출된 동위원소에 의해 소가 먹는 초지가 오염되었으며 그 결과 방사선 물질이 우유에 축적되었던 것이다.

10 휴대전화와 건강

휴대전화는 대부분의 시민들이 사용하기 때문에 휴대전화 비사용자 집단보다 휴대전화 사용자 집단에서 건강상의 문제를 일으킨다는 것을 밝히기는 매우 어렵다. 이러한 역학 연구의 곤란 때문에 한 동안 잠잠했던 휴대전화 사용의 신체 위해성에 대한 논란이 세계보건기구의 발표로 다시 촉발되었다.

지난 6월초, 세계보건기구의 과학자들은 휴대전화를 납, 엔진 배기가스, 클로로포름, DDT 등과 동일한 범주의 〈발암 위험물질〉이라 발표하였다. 휴대전화로부터 발생되는 방사선이 안전한지에 대해서는 오랫동안 연구가 진행되었어도 명백한 결론을 도출하지 못했으나 이번 발표를 통해 세계보건기구는 휴대전화에서 발생되는 방사선과 암 발생 사이에 설득력 있는 연관 가능성을 제시하였다. 휴대전화 사용자들은 세계보건기구의 발표를 보고 휴대전화의 사용을 잠시나마 줄였을지도 모른다. 하지만 휴대전화는 사회의 기반시설 같은 존재가 되어버렸기 때문에 사회에서 격리된 채로 사는 게 아니라면 휴대전화를 사용하지 않고 살아가기는 거의 불가능하다. 따라서 우리의 건강을 지키기 위해서는 휴대전화의 사용을 줄이거나 또는 신체로부터 휴대전화를 최대한 멀리 떨어뜨려 사용해야 한다.

휴대전화 사용 시 암을 일으킬 수 있다고 알려진 방사선 피폭을 최소화 할 수 있는 방법을 소개하면 다음과 같다. 첫 번째는 유선 장치(이어폰)를 사용하는 것이다. 이어폰을 사용하면 휴대전화가 신체로부터 어느 정도 떨어지게 되므로 방사선 피폭이 감소된다. 신체로부터 휴대전화를 멀리 떨어뜨릴수록 신체에 흡수되는 방사선량은 줄어들 것이다. 이어폰도 선을 통해 방사선이 전달되지만 그 양은 매우 낮다. 그래도 걱정 된다면 〈페라이트 비드〉라는 부품을 사용할 수 있다. 〈페라이트 비드〉는 선선을 통해 전달되는 방사선을 흡수하여 신체로 유입되는 양을 대폭 줄여준다.

두 번째는 스피커폰을 사용하는 것이다. 공공장소에서는 이 방법을 사용하기가 부적절할 수 있다. 그러나 스피커폰을 사용하면 뇌로부터 휴대전화가 멀리 떨어지기 때문에 도움이 된다. 즉 휴대전화를 신체와 멀리 떨어지게 하는 것이 방사선 피폭을 줄이는 지름길이다.

세 번째는 블루투스 사용을 줄이는 것이다. 블루투스는 1994년에 〈에릭슨〉이 개발한 개인 근거리 무선통신을 위한 산업표준으로 유선 USB를 대체하는 개념이다. 블루투스 무선 이어폰을 통해서도 일정량의 방사선에 노출될 수 있다. 대부분의 사람들이 블루투스를 자주 사용하는데 이것은 좋지 않은 습관이다. 블루투스 장치 사용 시 양쪽 귀를 번갈아 이용하면 한쪽만 다량으로 피폭되는 일은 줄어들 것이다.

네 번째는 방사선이 대량발생 할 수 있는 상황에서 휴대전화를 신체로부터 멀리 떨어뜨리는 것이다. 휴대전화는 항상 같은 양의 방사선을 방출하지는 않는다. 휴대전화는 기지국과 연결될 때 가장 많은 방사선을 방출한다. 또한 운전 중 통화할 때와 같이 빠른 속도로 이동하는 휴대전화는 기지국과 계속적으로 연결을 시도하기 때문에 그 방출양이 상대적으로 많다. 약한 신호는 휴대전화가 더 세게 작동하도록 함으로써 방사선 방출양이 많아진다. 그렇기 때문에 승강기나 건물 안 그리고 신호가 잘 안 터지는 교외에서는 사용 하지 않은 것이 방사선 피폭을 줄이는 방법이다. 또한 전화를 받을 때보다 걸때 훨씬 많은 방사선이 방출된다.

다섯 번째는 사용 설명서를 잘 읽어보는 것이다. 대부분은 휴대전화를 구입할 때 같이 제공되는 사용 설명서를 읽어보지 않는다. 휴대전화 사용 설명서를 보면 휴대전화를 머리 근처에 놓지 말고 가능하다면 주머니에도 넣지 말라는 경고가 있다. 애플 아이폰 4 사용 설명서에는 머리로부터 1.8cm정도 떨어져서 전화를 걸어야 한다고 조언하고 있다.

여섯 번째는 통화보다는 문자나 이메일을 이용하는 것이 방사선 피폭을 줄이는 방법이다. 머리에서 휴대폰을 떼어 놓으려면 문자를 보내거나 스마트폰을 가지고 있다면 이메일을 이용하는 것이 좋을 것이다.

앞에서 언급하였듯 대부분의 사람들이 휴대전화를 사용하기 때문에 대조군을 포함한 역학 조사는 거의 불가능하다. 그렇다고 해서 휴대전화가 안전하다는 증거는 될 수 없으므로 이번 세계보건기구의 발표를 계기로 방사선 피폭을 최소화 할 수 있는 방법으로 휴대전화를 사용했으면 한다.

11

인터넷과 기억

오늘날의 세계는 정보기술과 컴퓨터기술로 가득 차 있다. 우리는 어떠한 문제에 대한 답을 구하기 위해 자신의 기억을 이용하기보다는 인터넷과 컴퓨터 같은 외부의 기억장치에 의존하고 있다. 이것은 그 자신의 기억에 의해 인간이 행했던 일들이 이제는 컴퓨터로 전환되었다는 것을 의미한다. 이러한 기억을 〈교류기억〉이라 한다. 즉, 〈교류기억〉이란 자신의 일을 행할 때 자기 자신의 기억이 아닌 다른 원천의 기억을 사용하는 것을 말한다. 이것은 이전의 모든 지식과 기억이 소유되었다면 이제는 접속의 형태로 전환되었다는 것을 의미한다. 따라서 인간은 더욱 더 다른 기억에 의존하게 되고 결국 이것은 새로운 정보를 아는데 필요한 인간 자신의 기억기술을 상실하고 있다는 것을 의미한다.

인터넷은 정보에 대한 저장과 접속이란 측면에서 인간에게 엄청난 영향을 끼치고 있다. 인터넷이 보급되기 전에는, 자료의 내용을 알기 위해서 도서관을 찾거나 기록기관을 방문하여 힘든 탐색을 수행하여야만 했다. 이제 그러한 자료는 여러분이 3G 커넥

션을 가지고 있다면 수초 이내에 접근 가능할 것이다. 어떤 의미로는, 우리 자신의 기억을 '구름'이라는 외부 저장기관에 떠맡겼다고 할 수 있다.

인터넷은 인간 뇌의 기억 용량을 향상시키는 단순한 외부 저장장치인가? 콜롬비아 대학의 심리학자인 〈베티 스패로우〉가 이끄는 연구 그룹은 사람들이 어려운 문제에 부딪혔을 때 인터넷이 답을 줄 것임을 믿는다는 일련의 실험결과를 얻었다. 어려운 문제에 대해 인터넷에서 답을 구할 수 있는 전문가들은 대개 정보를 기억하려고 하지 않는다. 미래에 그 정보에 대해 접속해야만 될 것이라 믿는 사람들만이 그 답을 기억하려고 한다. 그러나 그들이 사실을 기억하는지에 상관없이 사람들은 그들이 찾았던 답을 갖고 있는 웹사이트를 회상하는 경향이 있다. 이러한 방법으로 인터넷은 주된 〈외장기억〉 또는 〈교류기억〉의 한 형태가 되었다. 즉 정보가 뇌 밖에서 집단적으로 저장되고 있는 것이다.

영화 속의 여배우 얼굴이 누구인지 기억나지 않는다고 하자. 우리는 컴퓨터에 있는 영화 데이터베이스를 통해 그 여배우가 1980년대와 90년대에 스타덤에 올랐던 누구라는 것을 쉽게 발견할 수 있다. 인터넷이 존재하지 않았다면 우리의 선택은 무엇일까? 대부분은 친구나 식구들에게 물어보거나 도움을 청할 것이다. 또 다른 선택은 영화 관련 책자를 참고할 것이다. 또는 그냥 누구인가 하는 호기심을 갖고 얼마간 생각할 것이다.

인터넷은 예전에 결코 상상할 수 없었던 상황을 초래하고 있다.

사람들은 온라인으로 수집된 정보가 그들이 사실을 파악하는 과정에서 큰 역할을 한다는 것을 잘 안다. 〈외장기억〉에 대한 이런 의존은 다른 사람의 뇌에 존재하는 정보를 이용하는 것보다는 훨씬 덜 성가신 일이다.

요즘은 휴대전화를 이용해 친구 및 가족의 전화번호를 찾아낸다. 이런 접속의 생활을 지속한다고 해서 기억에 관련된 뇌 부위가 위축되지 않고 기억 능력을 상실하지도 않는다. 보다 절박한 이슈는 사람들이 온라인 정보를 세밀하게 조사하는 능력을 개발할 수 있을 것인가 하는 문제이다. 만약 긴 시간동안 끈질기게 조사한다면 특정 웹사이트가 신뢰할만한지 그리고 그 정보가 참인지 또는 거짓인지를 발견할 수 있을 것이다.

수천 년 전부터 인간은 외적 기억장치로 책과 많은 매개물을 이용하여왔다. 인터넷은 그 모든 것을 한순간에 바꾸었다. 모든 일들이 디지털로 저장되고 손쉽게 재생되었다. 우리는 문학, 과학, 예술과 생활양식 등 수많은 정보를 인터넷으로부터 얻는다. 인터넷은 쉽게 다룰 수 있고 편리하며 빠른 접속이 가능하다. 인간과 기계는 이제 서로 뒤엉켜 지낼 수밖에 없게 되었다. 가상공간은 인간뿐만 아니라 인간과 기계를 더욱 복잡한 상호작용의 공간으로 이끌고 있다.

인간은 사물을 어떻게 기억하는가? 하나의 집합적 인간으로서 정보를 탐색하기 위해 단순하게 기억하는가? 세상은 이미 네트워크가 차지하고 있으며 소유와 기억은 접속으로 바뀌고 있다. 인터넷에 로그인만 하면 정보의 홍수를 만나게 된다. 이러한 정보는 새로운 시대를 이끌어가는 원동력이 될 수 있다. 인간 역사를 통틀어서 가장 신뢰할만한 정보원은 다른 사람이었다. 그러나 이제는 달라졌다. "나는 생각한다. 그러므로 존재한다"라는 데카르트의 명제가 "나는 접속한다. 그러므로 존재한다"라는 리프킨의 명제로 대체된 것처럼.

12 인터넷과 인지능력

우리의 일상생활에서 인터넷 없는 하루를 생각하는 것은 이제 거의 불가능할 것이다. 인터넷에 의해 인간의 정보 획득능력은 엄청나게 향상되었고 생활 또한 매우 편리해졌다. 이러한 인터넷을 사용하면서 인간의 지적 능력은 향상될 것인가 또는 저하될 것인가? 많은 사람들은 인터넷의 일상적 사용이 인간을 더욱 똑똑하게 만들 것이며 인지능력을 변화시킬 것이라 생각한다. 사람들은 어떠한 사실을 기억하는데 에너지를 덜 사용할 것이며, 그 결과 뇌가 정보를 합성하고 분별력 있는 사고를 하는데 더 큰 힘을 발휘할 것이라 믿기도 한다.

그러나 근본적인 의문점은, 인터넷에 의지하는 생활이 지속될 때 읽기와 작문 능력은 어떻게 될 것인가 하는 문제이다. 트위터나 다른 메신저 미디어는 일반적으로 새로운 단어를 사용한다. 이런 공간에서는 중년층 정도 되면 도저히 무슨 말인지 모를 단어를 배열하여 의사소통하고 있다. 그런 면에서 인터넷 세대의 작문 능력은 두 측면으로 진화하고 있다. 즉, 보고서나 전문적인 일을 할 때 사용하는 공식적인 작문과 개인적인 이메일이나 사이버상의 모임에서 사용하는 비공식적인 작문이 있다. 여기서 우리는 새로운 미디어의 탄생이라는 흐름을 볼 수 있다. 인터넷은 기록 매체로부터 영상 매체로의 비가역적인 변화를 추동하고 있다.

우리는 손가락을 까닥여 방대한 정보를 얻을 수 있다는 점에서 매우 만족해한다. 우리가 원하는 모든 정보를 즉각 얻을 수 있기 때문에 일종의 권력 같은 맛을 느낄 수 있다. 인터넷은 많은 정보를 매우 빠르게 안겨주나 우리는 그 정보를 주의 깊게 살펴보지는 않는다. 인터넷상에서는, 읽고 생각하기 보다는 클릭하고 대충 스쳐지나가기 일쑤다. 그런 면에서 인터넷은 인간을 무시하고 있다. 이런 일이 반복되다보니 내용이 많은 책과 문헌들을 읽는 능력이 저하되고 있다.

인터넷에서는 정보에 대한 본질을 다루기보다는 정보를 상징화하는 것이 일반적이다. 인터넷에 편향된 독서 습관을 가지고 있는 사람은 더 이상 〈전쟁과 평화〉 같은 책은 읽을 수 없을 것이다. 이와 같이 인터넷은 인간의 사고방식을 실제적으로 변화시키고 있다. 우리는 지금 많은 디지털 세대를 생성해내고 있으며, 이들 세대는 부모들이 해왔던 방식으로 생각하고, 집중하고, 학습하지 않는다. 디지털 매체에 심취된 세대는 전체적인 독서회로에서 극히 일부만을 취하는 생활방식에 익숙해져 있다. 따라서 주어진 정보에 대한 보다 논증적인 사고 능력의 함양에 결정적으로 취약하다. 인터넷은 인간을 현명하게 만들 것인가 아니면 우둔하게 만들 것인가? 그것은 인간이 어떻게 인터넷을 사용할 것인가에 달려 있다.

인터넷은 많은 사이버상의 생물체와 인간을 하나로 묶는다. 인터넷은 정보를 흩뿌려 대한민국에서 일어나는 일들이 마치 조그마한 우리 동네에서 일어나는 것처럼 만든다. 그러나 보다 전문적인 것이 요구되는 복잡한 사건까지도 인터넷을 통해서 해결할 수 있는가? 많은 결점이 있더라도 주류 미디어는 국가적인 문제나 보다 이슈화된 사건에 대해 많은 전문가를 동원한다.

역으로 생각하면 인간은 지금 역사상 가장 뛰어난 세대를 창조하고 있다. 온라인상에 있을 때 친구와 격리되는 것도 아니고 피아노를 배울 수 없는 것도 아니고, 부모와 얘기를 할 수도 있고 숙제를 할 수도 있다. 또한 TV와 멀어지게 하는 장점도 있다. 디지털 세대는 부모 세대보다 호기심이 많고 더 지적知的일 수 있다. 부모들도 비슷한 목적으로 많은 시간을 인터넷에 쏟고 있으나 그 정보의 대부분은 지식이 아니다.

특정한 현상과 사물을 분석하는 능력은 시간과 인내를 요구하는 과정이다. 우리는 인터넷 서핑에 과도한 시간을 낭비하지 말고 인간이 축적해온 지식의 탐구에 더 많은 시간을 가져야 한다. 이런 과정이 없으면 배움의 즐거움이란 경험을 할 수 없게 된다. 지금은 종이 위의 글을 읽는 시대로부터 스크린 상의 글을 읽은 시대로 변하는 시점이다. 오늘날의 변화는 새로운 기술이 스크린 상에 출현하면서 나타난 역사적인 변화와 궤를 같이 한다. 소유로부터 접속으로의 패러다임 변화 속에 우리는 아직 정립해야할 많은 과제들을 그대로 안고 인터넷이라는 홍수 속에서 표류하고 있다.

IV. 과학의 역할

산소의 발견
수명과 유전자
종(種)이란 무엇인가?
비범한 기억력
줄기세포 전쟁
녹색혁명을 이룩한 볼로그
미래세대
모차르트 효과
돼지 독감
이기적 유전자
과학과 사회
계급사회

1 산소의 발견

오래전부터 물질이 탈 때 생기는 불꽃은 무엇인가를 방출할 것이라 여겨져 왔다. 1703년에 〈스탈G. E. Stahl〉은 이 가상 물질을 〈열소(phlogiston)〉라 명명하였다. 〈스탈〉은 공기 중에서의 금속의 부식도 연소의 한 형태이며 금속이 금속재로 바뀌면 〈열소〉가 빠져나간다고 생각했다. 연소현상은 〈열소〉의 방출에 의해서 일어나며 〈열소〉가 방출된 물질이 재나 찌꺼기로 남게 된다는 것이다.

일군의 학자들은 밀폐된 공간에서 물질이 연소될 때 불꽃이 사라진나는 것과 밀폐된 공간 내부의 공기는 동물의 생명을 지속시킬 수 없다는 사실을 발견하였다. 즉 축적된 〈열소〉는 불꽃의 생성과 생명의 유지 모두를 억제하였다. 후에 밀폐된 공간 안에 식물을 심고 햇빛을 비춰주면 공기가 다시 생기를 회복한다는 것이 밝혀졌는데 이것은 식물이 〈열소〉의 효과를 방해한 것이라고 설명하였다

화학이 발전함에 따라 〈열소〉는 실제 물질로 생각하게 되었다. 1780년대에 프랑스의 화학자인 〈라부아지에A. L. Lavoisier〉는 어떤 물질이 연소될 때 관여하는 모든 물질의 양

을 측정하는 일련의 실험을 통해 금속조각에 불을 붙이면 금속은 녹지만 실제 무게는 증가한다는 사실을 발견하였다. 더구나 그 증가한 무게는 줄어든 주변 공기의 무게와 정확히 일치하였다. 나무가 타고 난 재는 원래 나무의 무게보다 가볍다. 금속과는 달리 나무의 섬유소는 산소와 결합하여 이산화탄소와 물을 만드는 과정에서 연기의 일부로 빠져나가기 때문이다. 이후 〈라부아지에〉는 금속과 결합한 공기 중의 기체를 산소라 명명하였다. 연소에 의해 산소가 고갈된 공기는 더 이상 불꽃이나 생명을 지속시킬 수 없다.

생명체는 순환적 고리를 선호한다. 대부분의 생물학적 과정은 복잡한 경로를 가진 경우조차도 처음 시작했던 곳으로 다시 돌아간다. 혈액순환, 신경계의 감지와 반응, 에너지의 생산과 소비, 출산과 사망 등 모든 고리는 새로운 시작을 위해 원래의 위치로 되돌아간다.

지구상의 광합성 생물들은 공기 중의 이산화탄소 및 물에서 얻은 수소와 빛 에너지를 이용하여 당糖을 합성한다. 이 과정이 광합성이며 이 전환과정에서 생성되는 부산물이 산소이다. 산소가 지구 대기에 처음 등장했을 때는 DNA를 손상시킬 수 있는 이온분자들을 생성했기 때문에 대다수 생물들에게 해로웠다. 그렇지만 모든 진화과정이 그렇듯 불리한 조건은 새로운 기회를 창조하였다. 즉 해로운 이온들을 중화하는 여러 방법을 진화시켜 산소에 적응한 세균들이 번성한 것이다. 사실 생명체가 에너지를 생성하기 위해 필요로 하는 것은 산소가 아니라 수소이다. 생명체는 사용된 수소를 받아들이는 수용체로 산소를 이용하는 것이다. 따라서 대부분의 생명체들이 전적으로 의지하는 산소는 무대의 주인공이 아니라 배후의 조정자인 셈이다.

지구상의 생명체들은 모두 당을 연소한다. 이 과정을 통해 세포 내에서 당의 화학결합 속에 들어있는 에너지를 추출해낸다. 〈호흡〉이라 불리는 생명체 내의 이런 연소과정에서 당을 구성하는 탄소와 산소는 이산화탄소로, 수소는 산소와 결합하여 물로 내보내진다. 결국 생명체를 구성하는 물질은 공기에서 왔다가 다시 공기로 되돌아가는 것이다.

죽음도 생명이 원래로 되돌아가는 자연적인 과정이다. 너구리 사체는 늑대나 까마귀가 먹고 뒤이어 곤충과 미생물 등이 분해에 가담한다. 이들 개체조차도 다른 생물의 먹이가 되며 이들의 노폐물은 다른 생물의 거름이나 은신처가 된다. 사체를 화장하는 것은 생명체를 구성하는 복잡한 분자를 물, 이산화탄소와 같은 간단한 분자로 바꾸는 과정이다. 이 때 사체로부터 나오는 탄소, 수소, 산소, 질소 등은 대기와 토양으로 되돌아간다.

수억 년 전 광합성 양이 호흡량보다 많았을 때 다량의 생명체 잔해가 땅속에 묻혔고 이들은 강한 열과 압력을 받아 석탄과 석유 그리고 천연가스로 전환되었다. 당은 문명의 엔진을 움직이는 연료의 기본성분으로 다시 출현한 셈이다.

문명의 진화는 지구상의 변화를 더욱 가속화시켰다. 이는 생물권으로부터 보다 많은 물질과 에너지의 획득과 함께 인간의 활동

범위를 넓히고 생명을 연장시키는 수단을 제공해왔다. 그러나 문명은 자연 속에서 어우러져야 한다. 인간의 개발에 의한 변화에 다른 생물체들은 적응하기 힘들게 되었고 그 결과 생물종다양성도 급격히 감소되고 있다.

인간은 생태계의 일부로서 전체 생물계의 공존에 기여하는 선택을 해야 한다. 〈윌슨〉이 〈인간의 본성에 대하여〉에서 주장한 〈생물호성(biophilia)〉이 그런 선택의 하나가 될 수 있다. 〈생물호성〉이란 생물과 관련된 인간의 자연적인 감각이라 정의하고 있다. 〈윌슨〉은 '생물을 탐구하고 친분을 쌓은 것이 정신발달의 심오하고도 복잡한 과정'이라고 말했다.

2 수명과 유전자

건강하고 오래 산다는 것은 대다수 인간의 공통적인 염원일 것이다. 우리 사회는 이미 고령사회로 접어든지 오래다. 최근의 연구 결과 인간의 수명은 자신의 유전자에 의해 결정된다는 것이 밝혀졌다. 즉 건강하고 오래 사는 사람들은 그들만의 독특한 유전자 집단을 가지고 있다. 이러한 유전자는 암, 치매와 심혈관 질환 같이 나이가 들면서 생기는 질병의 도래를 늦춘다. 이러한 결과는 어떤 개인이 얼마나 오래 살 수 있을지 예측할 수 있을 뿐만 아니라 노인성 질환을 예방할 수 있는 단서를 제공할 것이다.

기존에 알려진 바와 같이 건강한 생활양식과 환경적 요인이 수명을 어느 정도 연장시키나, 게놈(인간의 유전물질) 차원의 연구 결과 각 개인의 유전자가 수명에 더 큰 영향을 미친다는 것이 밝혀졌다. 개인의 수명은 유전적 요인과 환경적 요인의 복합적 작용에 의해 결정된다. 쌍둥이를 대상으로 행한 연구 결과, 85세 이상 생존한 그룹의 20~30%에서 유전적 요인이 가장 크게 작용한다고 알려져 있다.

물론 생활양식, 특히 식사, 운동, 흡연 등이 얼마나 오래, 그리고 건강하게 사는지를 결정하는데 중요한 역할을 한다는 것은 상식이다. 건강하게 나이가 들 수 있는 행동습관을 장려하는 〈제7일 예수재림교인〉들에 대한 연구 결과, 이들은 일반 미국인들의 평균 수명보다 8살이나 더 많은 88세의 평균수명을 나타냈다. 이들은 규칙적으로 운동하고, 채식을 주로 하며 흡연 및 음주를 하지 않는다.

특정 개인의 가계도를 보면 그 가계 구성원들의 수명이 어떠한지를 알 수 있다. 미국 남성의 평균 수명인 80세보다 10~30년 정도 더 장수하는 사람들의 경우 그것이 집안 내력이라는 것은 분명하다. 이러한 관찰 결과, 장수는 많은 부분에서 유전자에 의한 것이라고 말할 수 있게 되었다. 유전적 요인은 두 가지 방법으로 장수에 영향을 미친다. 각 개인은 유전적 변이에 의해 자신의 수명을 단축시킬 수 있는 질병이 야기될 수도 있고, 질병에 대한 저항성을 부여하여 수명을 연장시킬 수도 있다. 결국 나이가 들면서 발병하는 질환의 시작을 늦추는 유전자 변이체를 많이 갖고 있는 사람이 장수한다는 얘기이다. 이와 유사하게 천재 유전자, 이기적 유전자, 이타적 유전자 등 우리 인간의 행동 및 육체를 지배하는 것은 상당 부분 유전자가 차지하고 있으며 나머지를 환경 및 생활습관이 지배하고 있다. 즉 유전자에도 팔자八字가 있다고 할 수 있다.

장수와 연관된 유전자 구성성분을 이해하기 위해 95세에서 119세 사이의 800명을 대상으로 DNA(유전물질)를 분석하여 대조군과 비교한 결과, 특이적 유전자 변이 또는 SNP('단일염기변이'를 이르는 용어로 인종이나 개인별 염기 차이를 말하며, 인간은 인종에 상관없이 유전자가 99.9% 일치하지만 0.1%의 SNP 때문에 키와 피부색 등이 다르다. 한국인이 서양인에 비해 위암과 간암이 호발하는 것도 이런 차이에서 생기는 것으로 추정된다)가 장수 집단에서 뚜렷하게 나타났다. 피시험자의 유전적 특성에 기초하여 100세 집단을 치매, 고혈압과 심혈관 질환이 늦게 나타나는 정도에 따라 다시 19 집단으로 나누어 분석한 결과, 노인성 질환과 이들 유전자가 상관관계가 있음을 보여주었다.

유전적 요인이 수명연장의 중요 요소이나 유일한 것은 아니다. 인간의 수명은 유전적 요인 외에도 환경 요인 및 생활양식 등이 상당한 비중으로 작용한다. 그간의 연구 결과, 장수와 관련된 유전자 변이의 축적이 질병을 일으키는 유전자의 효과를 봉쇄시킴으로써 건강하고 오래 살 수 있다는 것이 밝혀졌다. 우리나라는 이미 초고령 사회로 접어들었다. 장수에 미치는 유전적 요인에 대한 폭넓은 연구가 필요한 시점이다. 치매나 보행불능 같이 나이를 먹음에 따라 진행되는 질환의 도래를 늦출 수 있는 단서를 유전자에 대한 연구를 통해서 찾을 수 있기 때문이다.

3 종(種)이란 무엇인가?

봄가을로 산과 들엔 온갖 꽃들이 피고 형형색색의 단풍이 든다. 일반인들도 어느 정도는 동식물의 이름을 안다. 우리는 어떻게 각각의 생물 종種을 인식하고 동정할 수 있는가? 이러한 의문에 답하기 위해서는 먼저 종이란 무엇이고 또 종은 어떻게 형성되는지에 대한 정리가 선행되어야 한다. 종이란 무엇인가? 종이란 단순히 '종류'를 의미한다. 농부들은 산야山野의 동식물 이름을 대부분 알고 있으며 어부들 역시 대부분의 어류 이름을 알고 있다. 지구상에서 가장 뛰어난 박물학자博物學者는 결국 농부와 어부들이라 할 수 있다.

그러나 자연계에 존재하는 생물이 워낙 많아 체계적인 정리가 요구된다. 약 250년 전에 스웨덴의 식물학자인 〈칼 린네Carolus Linnaeus〉는 오늘날 사용되는 이명법 체계를 개발하였다. 〈린네〉는 생물의 형태에 기초하여 수천 종을 기재記載하였다. 이러한 유형을 '형태학적 종의 개념'이라 하는데 이 개념에서 종은 유사하게 생긴 개체들 집단으로 정의한다. 그렇지만 '형태학적 종의 개념'은 많은 한계를 지니고 있다. 예를 들어 수컷과 암컷 그리고 어린 개체와 성체들은 많은 차이가 있을 수 있다.

유전학적 배경 지식이 없었던 〈다윈〉은 '종의 기원'에서 종 분화의 원인보다는 주로 종 분화의 결과를 논하였다. 〈다윈〉은 진화를 시간의 경과에 따른 계속적이고 점진적인 변화로 설명하였으나 종은 각각 서로 다르기 때문에 일부 과정은 그들 사이에 불연속적 또는 간극을 두고 생성된다고 하였다. 종 분화의 원인이라는 수수께끼를 풀기 위해 〈에른스트 마이어Ernst Mayr〉는 '유전학과 종의 기원'을 펴낸 〈도브잔스키〉 및 〈심슨〉 등과 함께 멘델 유전학과 〈다윈〉의 진화 및 자연선택설을 통합하여 '현대 종합이론'을 제시하였다.

1904년에 독일에서 태어난 〈마이어〉는 의과대학에서 수학하였으나 점차 조류鳥類와 생물학 연구에 심취하게 되었다. 그는 1926년에 베를린 대학의 동물학과에서 박사학위를 취득한 후 미국으로 이민가기 전까지 동 대학에서 연구원으로 근무하였다. 미국으로 삶의 터전을 옮긴 후 그는 미국 자연사박물관의 학예연구사로 근무하면서 조류 분류 연구를 하는 동안 진화에 대한 그의 핵심 아이디어를 형상화시켰다. 그는 1942년에 최고 걸작인 '분류학과 종의 기원'을 출간하였다. 〈마이어〉는 1953년에 하버드 대학으로 옮겼으며 1961년부터 1970년까지 하버드 대학의 비교동물박물관 관장으로 재직하였다. 이후 2005년 사망할 때까지 '생물학적 사고의 성장(1985)', '생물학의 새로운 철학(1988)' 등 25권의 저술을 남겼다.

그의 연구는 〈멘델 유전학〉, 분류학과 〈다윈 진화론〉의 진화적 통합과 '생물학적 종의 개념'을 정립하는데 크게 기여하였다.

〈마이어〉가 '생물학적 종의 개념'을 제안한 것은 〈생식적 격리〉의 중요성을 인식하였기 때문이다. 그는 "종은 실제 또는 잠재적으로 상호교배하는 자연집단을 이르며 다른 집단과는 생식적으로 격리되어 있다"라고 정의하였다. 그는 매우 세심하게 종을 정의하였는데 예를 들어 '실제 또는 잠재적'이라는 용어는 종의 정의에 있어서 매우 중요한 구성요소이다. 여기서 '실제'라는 용어는 개체들이 동일지역에 서식하며 상호교배하는 것을 의미한다. '잠재적'이란 뜻은 개체들이 비록 같은 지역에 서식하지 않아 상호 교배할 수 없지만 개체들이 함께 있게 되면 상호교배할 수 있다는 것을 의미한다. 물론 '생물학적 종의 개념'은 세균에서 일어나는 이분법 같은 무성생식으로 번식하는 생물집단에는 적용할 수 없다는 단점이 있다.

그의 시대에는 단일 공통 조상으로부터 수많은 종들이 어떻게 진화되어 왔는지 종 문제에 대해 누구도 답을 제시하지 못하고 있었다. 〈마이어〉는 이 문제에 대해 새로운 종의 개념을 정립함으로써 그 답을 찾고자 하였다. 그의 이론은 주로 조류로부터 얻어졌으나 아직도 종 분화의 선도 양식으로 여겨지고 있으며 〈엘드리지〉와 〈굴드〉에 의해 제안된 '단속평형설'의 이론적 토대가 되었다. '분류학과 종의 기원'을 통해 〈마이어〉는 〈다윈〉의 자연선택설이 분자수준에서 유전자의 진화를 포함하는 모든 진화를 설명할 수 있는 모델을 제시하였다. 〈마이어〉는 한 생물체 집단이 주요 집단에서 시간 또는 지리적으로 격리되면 그들은 새로운 형질을 갖게 진화되며 궁극적으로 더 이상 교배가 일어나지 않는다고 제안하였다. 즉 격리기작에 의해 상호교배가 억제된다. 〈마이어〉는 많은 새로운 종의 출현이 진화의 진행을 이끈다고 제안하였다. “종 분화가 없으면 생물계의 다양성도 없을 것이고 적응방사도 없을 것이며 진화도 일어나지 않을 것이다. 따라서 종은 진화의 쐐기돌이다.”

외형적으로 유사하게 보이는 종들의 구성원은 몸의 구조를 암호화하는 다수의 내텁유전자를 공유하고 있기 때문에 비슷하게 보인다. ‘생물학적 종의 개념’은 한 종의 많은 개체들이 서로 닮은 이유를 설명해주고 있다.

4

비범한 기억력

학습은 새로운 정보나 지식의 획득이다. 기억은 학습된 정보를 보유하는 것이라 정의할 수 있다. 기억력이 좋은 것으로 유명한 사람 중에 심리학 교과서에 자주 등장하는 사람이 〈쉐라쉐브스키S. Sherashevsky〉다. 주로 〈S〉라 불리는 사람으로 신문사에서 근무할 당시 통 메모를 하지 않은 것을 보고 상사가 야단치려 불렀으나 〈S〉는 상사가 자기에게 지시한 사항뿐만 아니라 다른 기자들에게 지시한 것까지 줄줄 외웠다. 상사는 〈S〉에게 심리학자를 찾아가 볼 것을 권유했으며 그가 만난 사람이 바로 〈루리아A. R. Luria〉이었다.

〈루리아〉는 신경심리학자로 사고과정과 반응시간 간의 상관관계에 관한 연구로 명성을 얻어 모스크바의 심리학연구소에서 근무하고 있었다. 이곳에서 인간의 사고과정 분석 방법을 기술한 〈연관 신경 방법〉을 고안해 냈으며 이것이 거짓말 탐지기의 원리가 되었다. 1930년대 말에 의과대학에 진학한 그는 실어증을 연구하면서 언어 및 사고와 대뇌 피질간의 상호관계와 실어증으로 인한 보상적 기능의 발달에 대해 주목했다. 제2차 세계대전 중에는 육군병원에서 부상으로 인한 정신장애의 치료법을 연구했다. 이때의 연구를 바탕으로 〈루리아〉는 '뇌심리학'이라는 새로운 분야를 개척하였다.

〈루리아〉는 앞서 언급한 〈S〉를 30년에 걸쳐 관찰한 끝에 1968년에 '기억술사의 마음(The Mind of Mnemonist)'이라는 책을 출간하였다. 〈루리아〉는 처음에 〈S〉에게 여러 개의 단어 또는 숫자의 목록이나 무의미한 철자들의 목록을 기억하는지에 대한 실험을 수행하였다. 〈루리아〉는 제시된 목록을 읽고 〈S〉에게 그것을 반복해 보라 하였다. 〈S〉는 〈루리아〉가 제시한 모든 시험을 통과하였다. 한 번에 70개의 단어를 읽어주었을 때도 〈S〉는 그것을 순차적으로, 역순으로 그리고 다른 순서로도 암기하였다. 심지어 〈S〉는 15년 전에 봤던 목록을 기억하기도 하였다. 일반인들은 대개 5~7개의 단어를 기억하는 것이 보통이다.

〈S〉는 어떻게 그것들을 기억할 수 있었을까? 〈S〉는 자신의 기억력에 기여할 것이라 여겨지는 여러 가지 요인들을 설명했다. 첫째 요인은 자극에 대한 그의 특별한 감각반응이다. 〈S〉는 그가 본 수많은 것들을 생생한 이미지로 기억하였다. 많은 숫자로 구성된 표를 보여주었을 때 〈S〉는 숫자 표 전체의 시각 이미지를 기억해 내기 때문에 한 줄에 있는 숫자나 대각선으로 배열된 숫자들을 기억해내는 것이 쉽다고 했다. 〈S〉는 또한 탁월한 공감각(Synesthesia) 소유자였다. 공감각은 특정 감각 자극이 주어진 감각 자극과는 다른 종류의 자극과 연관된 감각을 유발하는 것이다. 〈S〉가 어떤 소리를 들을 때 그가 들은 소리 자극과 함께 섬광을 보거나 특정 미각을 감지하는 것이 공감각의 한 예이다. 주어진 감각에 대한 그의 복합적인 반응이 강력한 기억 형성을 이뤘다고 볼 수 있다.

그러나 〈S〉의 뛰어난 기억 능력이 장점으로만 작용하지는 않았다. 자극에 의해 유발된 복합적인 감각능력은 정보를 통합하고 복잡한 개념을 기억해내는 능력에는 방해가 되었다. 〈S〉는 또한 쉽게 망각할 수 없었다. 〈S〉는 예전의 정보를 지워내려고 적극적으로 노력한 경우에만 기억된 정보를 망각할 수 있었다. 이것은 대부분의 사람들이 정보를 힘들게 기억하지만 쉽게 망각하는 것과는 반대의 과정이 〈S〉에게 일어난 것이다.

〈S〉는 자신의 기억력이 비범하다는 것을 알고 난 후 리포터라는 직업을 버리고 기억술사(Mnemonist)라는 무대 공연가로 변신했다. 그의 기억력을 시험해보려고 청중들이 제시하는 긴 목록의 숫자 또는 단어들을 실수 없이 기억해내기 위해 〈S〉는 자극에 대한 그의 지속적인 감각반응 능력과 공감각 능력을 활용하였다. 긴 목록의 항목을 기억해내기 위해 그는 각각의 항목을 일종의 시각적 이미지로 상기하였다. 청중이 기재된 목록을 읽어주면 〈S〉는 그가 태어난 고향을 걷는 상상을 하면서 각각의 숫자나 단어가 주어질 때마다 떠오른 이미지들을 길 위에 배치하였다. 즉 1번 단어에서 떠오른 이미지는 우편함 옆에 놓고 2번 단어에서 떠오른 이미지는 수풀 옆에 놓는 방식이다. 〈S〉는 그 길을 걷는 상상을 하며 배치해 놓았던 이미지들을 하나씩 줍는 방식으로 청중이 제시했던 단어

목록들을 기억해냈다. 대부분의 사람들은 〈S〉와 같은 복합적인 공감각적 지각능력은 가질 수 없더라도 친숙한 물체와 연관 지어 기억력을 향상시키는 것은 가능하다.

〈S〉는 뛰어난 기억력을 가진 대신 복잡하고 추상적인 글을 제대로 이해하지 못하였다. 즉 단어나 숫자 하나하나가 강한 이미지로 기억되기 때문에 전체적인 맥락을 잘 이해하지 못하였고 자신이 상상한 것과 현실을 혼동하기도 하였다. 말년에 〈S〉는 5분 전에 들은 말과 5년 전에 들은 말을 구분하지 못할 정도로 현실감각이 없었으며 결국 정신병원에서 생을 마감하였다.

5
줄기세포 전쟁

〈이브 헤롤드Eve Herold〉는 미국 유전학 정책연구소의 공공정책 연구 및 교육 책임자로 〈보스턴 글로브〉와 〈월스트리트 저널〉 등에 과학 및 건강관련 분야의 칼럼을 싣고 있다.

2006년에 줄기세포 스캔들로 우리나라가 들썩일 때 그녀는 '줄기세포 전쟁(Stem Cell Wars)'이라는 책을 출간하였다. 주된 내용은 배아줄기세포 연구에 대해 여러 각도에서 비판적인 내용을 담고 있다. 이 책에서 그녀는 우리나라의 황우석 박사 관련 소동에 대해 '조용한 아침의 나라가 오후엔 폭풍우에 휩싸였다'면서 그 내면을 파헤쳤다. 그녀는 도덕적으로 문제가 없는 줄기세포 연구를 희망하는 윤리주의자이기도 하다. 그녀는 "줄기세포 연구 방정식의 가장 중요하면서도 간과되는 요소는 현재 투병중인 환자들이다"라고 말한다.

〈헤롤드〉는 줄기세포 연구의 윤리적 문제에 미치는 정치적, 종교적 및 경제적 압력, 인구통계학적 자료, 정부 및 과학계의 실수와 환자의 권리 등에 대해 자세히 설명하고 있다. 그녀에 따르면 일반인들은 이 중요한 과학에 대한 잘못된 정보의 희생양이 되었다. 줄기세포 논쟁은 정치적 그리고 종교적으로 엄청나게 진행되었으며 그 결과 많은 사람들이 혼란에 빠지게 되었다. 그녀는 이런 일반 대중들에게 줄기세포 연구에 찬성하건 반대하건 이 과학의 전부에 대해 설명하고 있다.

〈헤롤드〉는 줄기세포 연구 역사의 목격자이기도 하다. 그녀는 환자와 연구자들의 의학적 진보를 위한 싸움을 연대기年代記로 기록하고 있다. 중요한 줄기세포 논쟁 연대기의 일부로 그녀는 황우석 박사 내부의 이야기와 한국의 클로닝 스캔들을 해부하였다. 그녀는 언론에 누락된 것이나 보도된 것을 단순히 반추한 것이 아니라 황우석 박사 그룹의 혼란스럽고 잘못된 정보가 어떻게 생성되고 유포되었는가를 직접적으로 밝혔다. 어쨌든 그 사건을 경계로 이후의 줄기세포 연구는 배아줄기세포에서 성체줄기세포 쪽으로 진행되기 시작하였다.

2012년 노벨 생리학상은 분화分化된 세포를 탈분화脫分化시켜 다능多能하게 만들거나 다양한 세포 유형으로 분화시킬 수 있다는 것을 발견한 공로로 일본의 의사이자 줄기세포 연구자인 〈신야 야마나까〉와 영국의 발생생물학자인 〈거든〉이 공동 수상하였다. 그들의 연구는 뇌 또는 심장세포의 재생 영역과 여러 질병의 치료 정책에 이르기까지 다양한 영역에 영향을 미치고 있다.

옥스퍼드와 케임브리지 및 캘리포니아 공과대학에서 연구하였고 현재는 케임브리지에 위치한 자신의 연구소에서 연구를 진행하고 있는 〈거든〉의 노벨상 수상 업적은 50년 전인 1962년에 발표되었다. 모든 동물의 발생은 수정란으로부터 시작된다. 운명이 결정되지 않은 초기 배아는 성숙하여 근육, 뇌세포나 다른 신체부위로 분화하는데 필요한 기본 정보가 들어있는 줄기세포를 가지고 있다. 〈거든〉이 박사학위논문을 발표할 무렵에는 모든 교재에 '다능한 세포로부터 특수화된 세포로 자란다'라는 일방통행식 분화가 기술되어 있었는데, 〈거든〉은 그것이 잘못되었다고 지적한 것이다.

그는 개구리의 장腸 상피세포에서 핵을 추출하여 핵이 제거된 다른 미수정란에 이식한 결과 알이 정상 올챙이로 자란다는 것을 밝혔다. 즉 〈거든〉은 개구리를 클로닝 한 것이다. 더 중요한 것은 다능한 세포뿐만 아니라 분화된 성체 세포 내에도 줄기세포 기능이 있다는 것을 밝혔다. 세포가 자란다고 해서 줄기세포의 잠재성이 사라지지 않는 것이다.

〈거든〉의 박사학위 논문이 발표된 1962년에 태어난 일본 교또대학의 〈야마나까〉는 생쥐와 인간 세포를 가지고 연구를 수행하였다. 〈야마나까〉는 초기 줄기세포를 미성숙 상태로 유지시키는 4종류의 유전자를 피부세포로부터 분리한 다음 섬유아세포에 주입한 실험을 통해 다능성이 회복될 수 있다는 사실을 밝혔다.

연구를 지켜본 일본의 다른 학자들은 그에게 성체줄기세포 연구가 즉각적인 실용성이 없으므로 연구를 중단할 것을 충고하였으며 이러한 주변 분위기 때문에 그의 연구 활동은 위험에 빠지게 되었다. 또한 황우석 박사 스캔들이 터진 직후여서 당연히 회의론자들이 많을 수밖에 없었다. 그러나 그의 연구는 다른 실험실에서 즉각적으로 반복 확인될 정도로 단순한 것이었다.

〈야마나까〉 등의 업적이 활용될 가능성은 엄청나다. 그 중 한 가지는 인간의 배아를 파괴하지 않고 파킨슨씨병이나 당뇨병 같은 질환을 연구하고 치료하는데 필요한 줄기세포를 획득할 수 있어 낙태 반대주의자들이나 또는 체외수정 후 사용하고 남은 미사용 배아를 사용하는 것에 대한 반대론자들의 도덕적 반대로부터 벗어날 수 있다는 점이다. 예를 들어 신체의 일부분으로부터 세포를 취하여 다능성 상태로 전환시킬 수 있고 이것을 이용하여 건강한 심장이나 뇌세포 같은 또 다른 기관을 유도할 수 있다. 만약 세포를 동일한 환자로부터 추출하였다면 거부반응의 위험이 없을 것이다. 이러한 방법으로 생성된 세포를 〈유도된 다능성줄기세포(IPS)〉라 부르며 현재 전 세계적으로 다양한 유형의 IPS가 만들어져 연구 중에 있다.

〈야마나까〉그룹의 성체줄기세포 연구에 대해 인간 클로닝 및 인간 배아줄기세포 연구를 지지하는 연구자들조차도 박수갈채를 보냈다. 공리주의적 생명윤리학자인 〈줄리안 새블레스크〉는 "〈야마나까〉는 배아 연구에 대한 사람들의 윤리적 관심에 귀를 기울였으며 수정된 연구 방향은 모든 사람들이 받아들일 만하다"고 칭찬하였다. 〈야마나까〉는 선한 윤리와 선한 과학이 마치 시리얼과 우유처럼 같이 갈 수 있다는 것을 증명한 것이다.

6 녹색혁명을 이룩한 볼로그

식량은 인류의 생존에 절대적인 요소이다. 많은 전통적인 육종가育種家들의 노력과 유전공학의 출현으로 전 세계적인 식량 생산량은 비약적으로 증가하였으나 지역적으로는 아직도 기아에 시달리는 곳이 많다. 최근 들어서는 먹거리 외에 바이오 연료로서의 기능이 추가되어 가난한 나라에서는 기아로 죽어가는 사람들이 있는 반면 일부 국가에서는 바이오 연료로 사용하는 아이러니도 생기고 있다.

인류를 기아로부터 구한 위대한 인물이 〈볼로그N. E. Borlaug〉이다. 〈볼로그〉는 농학자이자 인도주의자이며 노벨상 수상자로서 녹색혁명의 아버지라 불리고 있다. 그는 1914년에 미국에서 태어나 전 세계를 다니면서 세계적으로 가장 많이 이용되는 곡물인 밀의 수확량을 늘리기 위해 한 평생을 헌신하였다.

〈볼로그〉는 1942년에 미네소타 대학에서 식물병리학과 유전학으로 박사학위를 취득하였다. 1944년에 록펠러 재단의 후원으로 빈곤에 시달리는 멕시코로 들어가 그곳에서 전 세계에 있는 수천 종의 밀을 이용하여 수확량을 늘리는 연구를 진행하였다. 그는 새로운 형질을 탐색한 끝에 〈앉은뱅이 유전자〉를 가진 밀 품종을 발견하였다. 〈볼로그〉는 이 밀을 다수확 밀과 교배하여 줄기가 튼튼하고 낟알이 많이 열리는 '소노라'를 개발하였다. 〈앉은뱅이 유전자〉는 1900년대 초 일본으로 건너가 '농림 10호'로 개량된 우리나라 토종밀인 〈앉은뱅이 밀〉이 가지고 있던 유전자이다. 결국 우리나라의 〈앉은뱅이 밀〉이 없었다면 인류를 기아로부터 구한 '소노라'도 없었을 것이다.

1956년까지 '소노라' 변종들은 멕시코의 밀 생산량을 두 배로 증가시켰다. 1963년에는 멕시코에서 재배되는 밀의 95%가 '소노라' 계통이었으며 밀 수입국이던 멕시코는 이때부터 밀 수출국이 되었다. 또한 파키스탄과 인도로 보급된 '소노라' 덕분에 1965년에서 1970년 사이 이 지역의 밀 생산량도 두 배 이상 증가하였다.

1968년에 미국의 국제개발위원회 책임자인 〈윌리엄 고드〉는 〈볼로그〉의 업적을 〈녹색혁명〉이라 불렀다. 휴스턴 대학의 경제학자인 〈토마스 그레고리〉는 "녹색혁명의 핵심은 곡물혁명이며 〈볼로그〉의 밀은 전 세계 칼로리의 약 23%를 차지한다"고 지적하였다. 〈볼로그〉가 육종한 '소노라'는 10억 명 이상의 사람들을 기근으로부터 구제하였다. 이렇듯 식량증산으로 인류에 공헌한 공로로 〈볼로그〉는 노벨 과학상이 아닌 노벨 평화상을 수여 받았다. 그는 노벨상 수상 연설에서 "식량은 이 세상에 태어난 모든 사람의 도덕적 권리"라 말하였다. 그가 가진 과학기술은 사람들의 배고프지 않을 기본 권리를 충족시켜 주었다.

이후 분자생물학의 발달에 따라 육종가들은 품종 개량에 유전자를 직접 이용하게 되었다. 이것이 유전공학으로 필요한 유전자를 DNA 수준에서 재조합하여 원하는 특성을 가진 유전자 변형 생물체(GMO)를 만들 수 있게 되었다. 현재까지 많은 곡물에 해충 저항성 유전자를 도입하여 생산에 이용하고 있으며 축산분야에서는 품종 개량에 유전자 재조합 기법이 사용되어 왔고 최근에는 의약품을 생산하는 목적으로 많이 이용되고 있다.

〈볼로그〉는 경작 가능한 토지의 고갈로 인해 GMO가 인류의 식량문제 해결의 유일한 방편이라고 주장하였다. GMO는 본질적으로 위험하지 않다. 왜냐하면 인류는 오랜 세월 동안 식물과 동물을 유전적으로 변형시켜 왔기 때문이다. 우리가 그것을 과학이라 부르기 전부터 사람들은 최상의 품종을 선택해왔으며 이것이 인위선택이다. 세계적으로 식량 공급을 증가시키는 일 외에도 볼로그는 식량 부족을 막기 위해서 인구성장률을 감소시키자는 운동을 전개하였다. 노벨상 수상 연설에서 그는 "대부분의 사람들은 아직까지도 '인구 괴물'의 크기와 위협을 이해하지 못하고 있다"고 했다.

곡물의 유전적 변형은 마법이 아니다. 유전적 변형은 자연의 힘에 점진적인 재갈을 물려 인류를 먹여 살리는데 도움을 주는 수단이다. 분자 수준에서 식물 유전공학은 살아있는 게놈으로의 인류의 의미 있는 과학 여행이다. 유전공학은 전통적 육종의 대체수단이 아니라 연관 분류군으로부터 유용 유전자를 탐색하여 이들 유전자를 보다 빠르고 정확하게 곡물에 도입하여 유용한 작물을 만드는 것이다. 현재까지 이들 형질전환 작물로부터 얻어진 식품을 섭취하였을 때 인간의 건강 또는 환경에 해를 끼친다는 명백한 과학적 증거는 없다. 물론 위험이 전혀 없다고 말하기는 쉽지 않다. 과학적 진보는 항상 의도하지 않은 산출물이 출현할 수 있는 어느 정도의 위험을 수반하기 때문이다.

많은 비료와 살충제를 사용하는 그의 영농 방법을 비난하는 환경론자들에게 〈볼로그〉는 이렇게 반응하였다. "서구의 환경론에 입각한 로비스트들의 일부는 지구의 소금 같은 존재이나 그들 중 다수는 엘리트주의자들이다. 그들은 굶주림의 육체적 고통을 경험한 적이 없다. 그들은 워싱턴이나 부르쉘의 안락한 소파에 앉아 로비를 행한다. 그들이 저개발 국가의 참상 속에서 내가 60년 동안 살아온 것처럼 한 달 만 살아본다면 그들은 바로 비료와 제초제를 사용하고 관개시설을 구축할 것이며 환상적인 엘리트주의자의 미몽으로부터 깨어날 것이다". 〈볼로그〉의 삶과 성취는 한 인간의 비범한 지적 능력과 집념 그리고 과학적 비전이 인류의 평화와 진보에 엄청난 공헌을 한다는 직접적 증언이다.

7

미래세대

〈루스벨트〉는 “미래는 자신의 꿈의 아름다움을 믿는 사람들에게 달려있다”고 말했다. 청소년은 한 나라의 골격이다. 청소년은 그 존재 자체와 순수하고 용감한 행동으로 사회를 변화시킬 수 있다. 우리나라도 이미 60년대와 80년대를 거쳐 거대한 학생운동 흐름을 통해 우리 역사의 큰 줄기를 바꿔왔다. 청소년들은 기성세대가 간과하는 중요한 현상을 우리들에게 보여줄 수 있다.

불행하게도 오늘날 우리는 그들 자신뿐만 아니라 사회에도 유용하지 못한 것에 많은 관심을 쏟는 청소년들을 자주 접하게 된다. 많은 젊은이들이 음주와 게임, SNS로 많은 시간을 보낸다. 비전이 없는 친구들도 많고, 꿈을 가졌다 하더라도 그 꿈을 실현하기 위한 추진력을 가지고 있지 못한 경우가 많다. 청소년들에게 동기를 부여해야 한다. 책임감을 가르치고 목표를 설정하게 해야 한다.

청소년 때는 선택의 여지가 있다. 청소년들은 구세대가 젊은이들을 잘못 알고 있다는 것을 보여 주어야 한다. 기성세대에게 청소년들이 지성과 창의적인 능력을 가지고 있다는 것을 보여주어야 한다. 노력하지 않으면 어떤 일도 일어나지 않는다. 노력은 우리의 꿈을 향한 여행의 시작이다. 불안정하고 신념이 부족한 청소년들은 사회구조에 그대로 영향을 미치게 된다.

청소년의 사회, 정치적 그리고 문화적 참여 공간 확보는 필수적이다. 청소년의 이런 조직화는 그들 자신의 영향으로부터도 자유롭고 정치적, 이데올로기적 또는 종교적 신념 같은 어떠한 간섭으로부터도 자유로울 수 있어 중요한 사회문화적 추동력推動力을 확보할 수 있으며 이러한 과정을 통해 사회변화 과정에 의식적인 책임감을 가질 수 있다. 기성세대가 이러한 기회부여를 보장하고 교육하는 환경을 조성해야한다.

청소년들은 우리 사회를 들쑤시고 있는 청년실업 문제에서부터 사회, 정치적 문제를 포함한 국가운영의 기본적인 방향을 바로잡는 문제까지 입법 청원을 포함한 대중적인 노력을 기울여야 한다. 큰 문제를 해결하는 구조적 변화는 수동적 대리자를 통해서도, 파괴적 운동을 통해서도 불가능하다.

청소년이나 기성세대 모두 그들의 삶에 영향을 미치는 주요 이슈에 대해 관심을 가지고 있다. 건전한 민주주의는 청소년을 포함한 모든 세대의 사람들이 역동적으로 참여하여 만들어가는 과정이다. 이런 과정에서 청소년들도 동일한 기회를 부여받아야 한다. 동일한 기회란 소모적인 일회성 이벤트가 아니라 진정성이 부여된 참여를 말한다. 좋은 사회란 사회적 응집, 경제적 번영과 정치적 안정성을 이루는데 모든 시민들이 건설적으로 참여하는 것을 말한다. 이 과정에서 모든 사람들은 그들의 삶을 지배하는 구조와 기작의 조절에 참여할 수 있어야 한다.

청소년들은 사회, 정치적 과정의 일부가 되는데 필요한 역량이 부족하다고 보는 사람들이 있다. 그러나 실제로 그들은 단지 테이블에 초청받지 못했을 뿐이다. 성인들은 청소년들의 역량을 키우기 위해 함께 일하려 하기 보다는 권력 또는 그것을 조절하는 힘을 양도하는 방식을 취한다. 그러다보니 젊음은 의사결정으로부터 청소년들을 소외시키는 주된 기준이 된다.

청소년들을 배제시키는데 보다 흔하게 사용되는 명분의 하나는 청소년들의 무관심이라는 왜곡된 신화이다. 청소년들은 동기가 부족하다고 자주 묘사된다. 그러나 최근의 조사와 실제 활동을 보면 청소년들은 무관심하지 않다. 투표권이 있는 많은 청소년들은 정당을 통한 정치적 표현이라는 전통적인 양식에 큰 관심을 갖지 않는다. 그럼에도 불구하고 젊은이들은 정치적인 이슈에 큰 관심을 나타내며 그들 자신을 나타내는 다른 방법을 계속적으로 탐색하고 있다.

청소년들이 사회, 정치적 과정에 전혀 참여하지 않는다고 가정하는 것은 심각한 실수이다. 청소년들에 의해 시작되었거나 기성세대에 의해 시작되고 지원되어 청소년들에게 권한을 부여하여 정치적으로 동력화 시키려는 수많은 활동이 존재한다. 기성세대들은 청소년들의 미성숙을 탓하지 말고 적극적으로 청소년들을 시민사회 조직이나 지방정부의 지배구조의 일부가 되도록 돕거나 훈련시킬 필요성이 요구된다.

"시간은 무엇을 수확했는가로 측정하는 것이 아니라 무엇을 심었는가로 측정한다"라는 서양 속담이 있다. 큰 틀에서 정부나 사회는 청소년들에게 건전한 사회건설에 참여할 적절한 토양을 제공할 책임이 있다. 이를 통해 다음 세대가 성숙하고 책임감 있는 집단으로 자라 보다 나은 삶을 영위하고 건강한 사회를 이끌 것이다.

8 모차르트 효과

〈모차르트 효과〉는 모차르트의 음악을 듣기만 해도 뇌의 활동이 촉진되어 지능이 향상된다는 이론으로 프랑스의 이비인후과 의사인 〈알프레드 토마티스Alfred A. Tomatis〉가 1991년에 주장한 이론이다. 이후 미국 어바인 대학(UCA)의 〈프랜시스 라우셔Frances Rauscher〉 연구 그룹은 모차르트의 〈두 대의 피아노를 위한 소나타 D장조〉를 들은 학생들이 다른 학생들보다 높은 점수를 획득했다고 〈네이처〉에 발표했다. 유사하게 태아 및 어린이에게 모차르트 음악을 들려주었을 때 아이들이 똑똑해진다는 연구 결과가 1993년에 발표되었으며 이후 음악이 태아 및 어린이의 뇌 능력을 향상시켜준다는 믿음에서 고전음악으로 채워진 CD가 홍수를 이룬 적이 있다. 그러나 이러한 주장을 입증할만한 직접적인 증거는 없었으며 〈모차르트 효과〉를 발표한 논문에서도 그렇게 단정적으로 말하지는 않았다. 그들은 조용히 앉아 있는 사람들보다 모차르트 음악을 들려준 그룹에서 약간의, 그리고 단기간의 공간적 능력이 향상되었다고 보고했다.

최근, 노스웨스턴 대학의 신경생물학자인 〈니나 크라우스〉는 음악교육이 뇌를 재구성하여 인지 효과를 확대시킨다는 결과를 발표하였다. 음악을 들으면 청각 시스템과 인지능력에 관련된 뇌 부위가 변화된다는 것으로 놀랄 일은 아니다. 육체 훈련이 신체를 변화시키듯 정신훈련과 학습은 뇌를 변화시킨다. 음악가와 비음악가의 뇌에는 학습과 연관된 부위에 구조적 차이가 존재한다. 음악은 음정이나 기억 그리고 패턴 인식 같은 인지적 자료들의 가공에 관여한다. 음악교육은 어린이의 IQ를 향상시켜 기억이나 통합능력 그리고 주의력 같은 일반적인 능력을 향상시킬 수 있다. 음악교육이 음정, 타이밍 그리고 음색에 대한 민감성을 증가시키는 것은 뇌의 〈가소성可塑性〉 때문이다. 가소성은 학습의 기본 원리이다. 〈가소성〉 때문에 말에서 감정적 억양을 식별할 수 있는 능력이 증대되고 그 결과 언어에 대한 학습능력, 그리고 소리 자극으로부터의 추상능력이 향상된다. 뇌의 회로를 주조鑄造하는 〈가소성〉은 나이를 먹음에 따라 감소하나 완전히 사라지는 것은 아니다.

음악교육은 어린이들에게 뇌 발달을 촉진시켜 기억과 학습능력을 향상시킨다. 4~6살 사이의 어린이들에게 일 년 동안 음악교육을 시킨 다음 일반적인 기억력 테스트를 행한 결과, 음악교육을 받지 않는 그룹의 어린이들보다 훨씬 좋은 성적을 나타냈다. 일련의 숫자를 듣고 그것을 기억해야하는 과정이 포함된 시험에서 좋은 점수를 얻은 것은 읽고 쓰는 능력과 수학적 능력 같은 일반적인 지적 기술과 연관되어 있다. 맥매스터 대학의 〈트레이너〉 연구그룹은 일 년 동안 음악교육을 시킨 다음 소리에 대해 반응하는 어린이들의 뇌에 대해 조사하였다. 이들은 12명의 어린이를 대상으로 조사를 진행하였는데, 그 중 6명은 비교과과정의 추가적인 음악교육을 받았고 6명은 교과과정에 포함된 음악교육 외에 다른 음악교육은 받지 않았다. 일 년 동안 각각의 어린이는 4번에 걸쳐 뇌활성 측정(MEG)를 통해 뇌에서의 변화양상을 조사받았다. MEG 측정 결과, 모든 어린이의 뇌는 일반 소음보다 바이올린 소리에 더욱 민감하게 반응하였다. 이것은 뇌가 보다 의미 있는 음조에 더욱 민감하게 반응한다는 것을 보여주는 것이다. 처음과 마지막 촬영 시점에 어린이들의 멜로디와 하모니를 구별하는 능력 및 일반적인 기억력 테스트를 행한 결과 음악교육을 받은 어린이들은 두 영역 모두에서 뛰어난 능력을 나타냈다. 이것은 음악교육이 일반적 인지기능에 관련된 뇌 부위에 효과를 미친다는 것을 의미한다. 또한 시험이 끝나갈 무렵에는 음악 자극에 대해 뇌의 반응 시간이 급격하게 감소되었다. 이런 면에서 음악교육은 어린이들의 인지능력 발달에 중요하며 특히 뇌가 덜 성숙된 어린이에게 더욱 효과적이기 때문에 유치원과 초등학교 교과과정에서 음악교육이 중요하게 다루어져야 한다.

음악은 모든 연령대의 사람들이 즐길 수 있는 완전한 활동의 한 형태이다. 음악은 정신적 그리고 육체적 건강을 유지하는데 필요한 힘의 원천이다. 우리가 좋아하는 음악을 청취함으로써 얻는 기쁨은 우리의 열정을 증가시키고 뇌세포의 성장과 새로운 세포로의 대치를 촉진시킨다. 어떤 사람에게 모차르트 음악이 효과가 있다면 다른 사람에게는 마돈나의 음악이 효과적일 수 있다. 음악은 스트레스를 단절시킬 수 있고 경기력을 향상시킬 수 있으며, 신경질환 환자의 운동성을 향상시킬 수 있고 심지어 젖소에서 우유의 생산량을 증가시킬 수도 있다. 사람의 감정을 이완시킬 수 있는 유용한 도구 중의 하나가 음악이다.

9 돼지 독감

돼지 독감이 세계적으로 확산되고 있다. 급속하게 전파되는 돼지 독감에 대해 세계보건기구(WHO)는 유행성 독감 경보를 5단계로 격상시켰는데, 이는 전 세계적인 유행병 단계보다 한 단계 아래의 경보이다. 4단계 경보를 5단계로 올린 이유는 여러 나라에서 지속적인 인간 사이의 전염이 진행되고 있기 때문이다. 현재까지 세계 20 개국에서 1,003명의 돼지 독감 환자가 보고됐으며 멕시코에서만 사망자가 150명 이상으로 알려져 있다. 앞으로 돼지 독감은 전 세계적인 유행병으로 확산되어 WHO가 경보를 6단계로 격상시킬 것인가? WHO의 사무부총장인 〈케이지 후쿠다〉는 "우리가 생각하기는 그런 방향으로 가고 있는 듯하다"라고 하였으나 시간표는 제시하지 않았다. 인플루엔자 바이러스는 신속한 돌연변이 형성능력과 예측 불가능한 행동 때문에 전파 상태가 완화되어 결국 멈출 수도 있고, 아니면 반대 방향으로 진행되어 광범위한 범위에서 심각한 질병을 일으킬 수도 있다.

비록 이름은 돼지 독감이지만, 돼지 독감

은 돼지 또는 돼지고기와의 직접 접촉에 의해 전염되지 않고, 사람들 사이에서 전파되는 호흡기성 바이러스에 의한다. 이 독감은 멕시코 내에서 약 1달간 전파된 다음 국경을 넘어 미국의 뉴욕과 캘리포니아에서 발견되었으며 추가적으로 여러 나라로 전파되었다. 돼지 독감의 원인 바이러스인 〈인플루엔자 A H1N1〉은 돼지에 일반적으로 감염되는 종류로, 이 바이러스가 인간에게 감염되는 경우는 병든 돼지와 접촉한 사람의 경우와 같이 매우 제한적이다. WHO는 이번 돼지 독감의 인간 사이의 전염 능력 때문에 유행병 경보를 5단계로 격상시켰다.

이와 같은 새로운 형태의 바이러스는 어디서 유래할까? 이들 바이러스는 처음에는 조류로부터 유래하는데, 인간으로 바로 전염되지 않고 중간 매개자인 돼지로 들어간다. 그 곳에서 포유동물 종에 적응한 다음 인간에게 전염되는 경로를 갖고 있다. 돼지 독감은 주로 젊은 사람들에게 감염되는 경향이 있다. 이것은, 나이 먹은 사람들은 과거에 〈H1N1〉바이러스에 노출되었을 가능성이 높다는 것을 의미하며 그들은 강한 면역성을 가지고 있을 것이다.

돼지 독감으로부터 우리 자신을 보호하는 방법은 일반적인 독감 예방 및 치료 방법과 다르지 않다고 전문가들은 말한다. 그 방법을 살펴보면 첫째, 눈과 입 그리고 코 등 얼굴을 만지지 말아야 한다. 바이러스는 이들 경로를 통하여 침입하여 호흡기로 들어가게 된다. 둘째, 얼굴을 만져야만 할 경우에는 손을 따뜻한 물과 비누로 깨끗하게 씻어야 한다. 비누는 바이러스 입자를 보호하는 지질에 손상을 입히는 계면활성제를 갖고 있기 때문에 모든 독감 바이러스에 대해 효과적이다. 셋째, 씻을 수 없는 상황이라면 알코올 소독을 하는 것이 바람직하다. 알코올은 바이러스를 감싸고 있는 단백질을 파괴하여 바이러스를 불활성화 시킨다. 넷째, 감염 증상이 있는 사람과 대화할 때는 최소한 팔 길이만큼 떨어져서 얘기를 나누어야 한다. 감염자가 재채기나 기침을 할 때 독감 바이러스가 포함된 액체 방울은 공기를 통하여 약 1 미터 정도 날아가기 때문이다. 물론 재채기나 기침을 할 때는 티슈로 꼭 가리고 해야 하며, 밖으로 노출된 바이러스는 수 시간 동안 감염성을 유지하기 때문에 비누로 꼭 씻어야 한다. 다섯째, 마스크를 쓰면 최대 80%까지 독감 인플루엔자 또는 다른 호흡기성 병원체를 제거할 수 있다.

미국의 질병예방본부는 돼지 독감 백신 개발에 필요한 종자 균주를 만들기 시작했다고 발표하였다. 수백만 명에 해당되는 양을 만들기 위해서는 많은 시간이 필요할 것이나 올 가을에는 사용가능할 것이라 예상하고 있다. 다행인 것은 〈타미플루〉나 〈렐렌자〉 같은 약품으로 이 바이러스의 처치가 가능하다는 점이다. 그러나 돼지 독감 바이러스도 이들 약제에 대해 저항성을 획득할 수 있다. 따라서 예방 차원에서 〈타미플루〉를 복용하면 약제 저항성이 생기므로 유의해야 한다. 또한 이 인플루엔자는 호흡기성 바이러스로 식품 유래 질병 즉 식품을 만지거나 먹는다고 전파되는 것은 아니다.

10

이기적 유전자

인간의 이기적利己的 행동은 어디에서 유래할까? 생물학자인 〈리처드 도킨스Richard Dawkins〉는 그의 저서 '이기적 유전자(The Selfish Gene)'를 통해 '이기적 유전자'라는 글귀를 주조鑄造했다. 1976년에 출판된 '이기적 유전자'가 지식사회에 끼친 영향은 지대하다. 〈도킨스〉에 따르면 인간은 '이기적 유전자'를 보존하기 위해 맹목적으로 프로그램을 짜 넣은 로봇 기계라 할 수 있다. 유전자의 세계는 비정한 경쟁, 끊임없는 이기적 이용과 속임수로 가득 차 있다. 이것은 경쟁자 사이의 공격에서뿐만 아니라 세대 간의 싸움에서도 볼 수 있다.

〈도킨스〉에 따르면 유전자는 유전자 자체를 유지하려는 목적 때문에 원래 이기적이며 생물의 몸을 빌려 현재에 이르고 있다. 동물의 이기적 행동은 이와 같은 이유에서 비롯된 것이며 이타적利他的 행동을 보이는 것도 자신과 공통 된 유전자를 남기기 위한 행동으로 해석한다. 성공한 유전자의 특징 중 가장 중요한 것은 '비정한 이기주의'이고 유전자의 이기주의가 이기적인 개체행동의 원인이라 주장한다.

'이기적 유전자'는 〈도킨스〉가 유전자를 기반으로 진화를 설명하는데 사용한 은유隱喩이다. 유전자는 바위처럼 그 자체로는 이기적이지 않다. 유전자는 단독으로 작용하지 않기 때문에 '이기적'이란 표현은 '기회가 주어졌을 때'를 의미한다. '이기적'이라는 표현이 유전적 행동을 설명하는 유용한 은유가 될 수 있을까? 인간의 행동을 결정하는 것은 유전자, 단백질, 뉴런과 세포뿐만 아니라 사회 환경도 관여한다. 유전자는 결코 섬이 아니다.

유전자를 갖고 있는 인체의 각 세포는 이기적이지 않다. 실제로 세포들은 고도로 협력하며 그러한 면에서 세포는 공동체주의자이다. 각각의 세포들은 명령에 복종해야만 하며 그렇지 않으면 즉각 〈자살 경로〉로 접어들게 된다. 가끔 이 규칙에서 도망쳐 나온 개인주의자들이 있는데 이들이 암세포이다.

〈도킨스〉에 따르면 유전자의 무례한 이기성에 기반을 둔 사회는 매우 불안정한 사회이다. 그러나 '이기적'이란 단어는 잘못 선택한 듯하다. 지금까지의 연구결과를 보면 유전자는 자유의지를 가지고 있지 않고 실제로 인간은 이타주의에 의해 행동한다. 그리고 이타주의는 문화에 의해 유도된다. 어떤 생물체가 자기를 희생하여 또 다른 상태의 타자의 행복을 증진시키기 위해 행동할 때 그 생물체의 행동을 이타적이라 한다. 이기적 행동은 이것과 정반대의 효과가 있다. 이기주의의 '행복'은 '생존'으로 정의된다. 인간의 유전자는 우리에게 이기적 행동을 하도록 지시할지 모르나 우리의 전 생애가 반드시 그 유전자의 명령을 따르는 것은 아니다. 관대함과 이타주의는 유전적으로 계승되는 특성을 뛰어 넘을 수 있게 한다.

〈도킨스〉는 인간만이 학습되고 전승되어 온 문화에 영향을 받고 지배를 받는다고 주장하였다. 동물의 일생에 걸친 행동의 대부분은 선택의 연속이다. 언제 어디로 이동해야 할지, 어디에 둥지를 틀지, 무엇을 먹을지, 언제 도망칠지, 누구와 짝짓기할지 등을 선택해야만 한다. 잘못된 선택은 동물의 적응도를 떨어트린다.

이기적 유전자 모델로 인간의 행동을 설명할 수 있을까? 본질적으로 인간 사회는 지식과 자원의 공유, 약자의 보호와 도덕에 대한 우월성 부여 등 인간 상호간의 협력에 의해 진화한다. 인간의 행동은 신체 각 부분들이 지시한 특성의 소합이 아니라 인류애의 창발 특성이라 할 수 있다.

11 과학과 사회

생활 속에 과학이 묻어 있고 사회현상을 해석하고 운영하는 데에도 과학적 시각을 가질 수 있다면 우리 사회는 한결 여유로워질 것이다. 과학적 발견은 관념적인 의견이 아니라 논리적이고 엄격한 과정을 거친 결과물이다. 과학은 사물이 어떻게 작동하는가를 이해하기 위해 수집된 많은 증거에 의해 발전한다. 이것이 정치적 진술과 다른 부분이다. 증거에 기초한 정보는 과학자 사회 내에서 끊임없는 검증과정을 거치게 된다. 따라서 과학적 정보는 관념적 의견보다 훨씬 더 권위를 갖고 믿을 수 있는 자료이다. 그렇다고 해서 유익한 공적인 이야기들의 가치가 낮다는 것이 아니다.

과학은 우리 주변의 모든 현상에 대해 보편적인 시야를 제공해줄 수 있다. 과학은 기아와 전쟁을 없애는 데 기여를 해야 하며, 우리가 살고 있는 이 지구를 온전히 지키는데도 그 역할을 해야 한다. 이러한 일은 과학 자체의 힘만으로 되는 것은 아니고 경제력과 정치적 의지에 좌우된다. 사회에 대한 과학의 영향과 비슷하게 과학에 미치는 사회의 영향도 쉽게 찾아볼 수 있다. 사회는 과학이 여러 문제들을 해결하는데 필요한 강력한 방법을 가지고 있다고 믿는다. 그러나 과학을 장려하는 사회는 경리부장 같은 입장으로 대부분의 과학자들이 갖고 있는 장기적 관점보다 훨씬 짧고 좁은 관점을 가지고 있다. 정부는 과학적 발견이 시민의 건강과 부 같은 사회적 목적에 크게 기여한다는 사실 때문에, 그로 인해 정치인들은 재선에 도움이 되기 때문에 연구비를 지원한다.

초등학교 시절 그 많던 과학자 지망생들이 대학 진학 무렵에는 극소수에 지나지 않는다. 과학에는 목적-지향적 연구와 흥미에 의해 유발된 연구가 있다. 과학은 형식적이지 않고 지루하지 않아야 한다. 좋은 관찰자에 머물지 않고 좋은 실험자가 될 수 있는 과학교육이 필요하다. 인간이 안고 있는 여러 문제에 과학적 방법론을 적용하면서 살아가는 지혜가 필요하다.

12

계급사회

일부 동물들은 계급사회를 형성하는데 계급사회는 각 개체의 행동이 잘 짜인 사회적 순위에 의해 영향을 받는 사회를 말한다. 전형적인 계급사회에서는 순위가 높은 개체가 그 무리를 지배하며 순위가 낮은 개체들은 다툼 한번 없이 순위가 높은 개체들에게 귀중한 자원을 내준다. 계급사회는 특정 개체들이 높은 사회적 지위를 갖고 자원에 대한 우선권을 갖는 고도로 계층화된 사회체계를 말한다.

순위가 높은 개체들은 자원을 쉽게 얻지만 손실도 따른다. 순위가 낮은 개체들이 호시탐탐 자리를 넘보기 때문에 순위가 높은 개체들은 자신의 지위를 지키는데 대해 스트레스를 받는다. 예를 들어 몇몇 영장류와 야생 개를 포함한 포유류에서, 순위가 높은 개체들은 순위가 낮은 개체들보다 코티솔이나 다른 스트레스 호르몬의 혈중 농도가 상당히 높다. 코티솔 농도가 높으면 혈압이 높아지고 당 대사가 원활히 이루어지지 않는 등 여러 병적인 증상들이 나타날 수 있다.

그러나 일부 종에서는 무리의 일원이 자신

의 이익을 포기하고 자신의 직계 자손이 아닌 다른 개체들을 돕는 행동을 보이는데 이러한 행동을 〈이타주의〉라 한다. 언뜻 보기에 〈이타주의〉는 남을 돕는데 시간과 에너지를 낭비하는 일이다. 런던 유니버시티 대학의 행동학자인 〈해밀턴〉이 이런 난제에 대한 답을 제시하였다. 〈해밀턴〉은 이타적 개체들이 자신이 번식하는 대신 친족의 이익을 돕는 경우 이타주의를 나타내는 유전자가 간접적으로 퍼져 나갈 수 있다는 것을 밝혔다. 친족은 조상으로부터 물려받은 유전자를 공유하고 있으므로, 친족을 돕는 것은 그 개체의 유전자를 퍼트릴 수 있는 방법이 되는 것이다.

가까운 친족 간의 이타적 행동 외에도 비친족 간에도 이타주의는 존재한다. 예를 들어 흡혈박쥐는 생존을 위해 이틀에 한 번씩은 반드시 포유동물의 피를 섭취해야 한다. 많은 피를 섭취한 박쥐는 무리 내의 비친족 개체들에게도 먹이를 나누어 준다. 왜 친족이 아닌 개체와 자원을 나누는가? 하버드 대학의 〈트리버스〉는 나중에 보답할 수 있는 개체들끼리라면 비친족 간이라도 도울 것이라고 제안했다. 이러한 형태의 이타주의를 〈호혜적 이타주의〉라 하는데, 이는 도움을 주고받는 개체들이 그 관계로 인해 모두 이익을 보기 때문이다. 흡혈박쥐들은 다른 개체로부터 피를 받아먹고 자기가 모아온 피를 나눠주지 않는 '사기꾼'이 있다면, 이후에 피를 그 '사기꾼'에게는 나누어주지 않는다.

〈호혜적 이타주의〉를 통해 인간 사회에서 비용이 적은 자선행위가 진화되어 왔다. 자선행위는 그 사람에게 협동심이 있다는 것을 나타내며, 관용심이 있다는 것은 사회 내에서 그 사람이 좋게 인식된다는 것을 의미한다. 왜 다른 사람과 잘 지내는지 또는 잘 지내지 못하는지를 이해하는 것과, 특정 행동에 대해 윤리적 판단을 내릴 수 있는 능력은 인간만이 지닌 독특한 특징이 아니다. 인간도 비친족보다 가까운 친족에게 도움을 주려는 경향이 강하지만 전혀 알지 못하는 남에게 이타적 행동을 하는 경우도 흔하다. 특히 그 사람이 자신의 관용을 다른 사람에게 알릴 수 있는 경우에는 더욱 그렇다.

V. 21세기의 과학

취라기 공원
감정 표현
페로몬
행복의 과학
선택
디지털 시대
리더십
인간의 행동
무한경쟁
의심과 회의
생태계 보존
인류를 위한 건축

1 쥐라기 공원

소설이자 영화로 제작된 '쥐라기 공원'은 살아있는 공룡이 존재하는 가상의 테마 공원을 배경으로 한다. 이 소설에서 과학자는 화석에 보존된 곤충의 소화관에서 추출한 공룡 피로부터 DNA를 분리한 다음 이 DNA를 조작하여 오래전에 멸종된 공룡을 복원시켰다.

'쥐라기 공원'의 저자인 〈마이클 크라이튼 Michael Crichton〉은 1942년 시카고에서 태어나 하버드와 캠브리지 대학에서 수학했고 1969년에 하버드 의과대학을 졸업했다. 1969년부터 1970년까지 샌디에이고에 있는 솔크 연구소에서 박사후연구원으로 일했으나 실제 의사로서 근무한 적은 없고 어렸을 적부터 책과 영화가 그의 인생을 이끌었다고 할 수 있다.

'쥐라기 공원'은 카오스 이론 문제와 관련하여 과학의 힘에 대해 생각할 기회를 부여한 소설이다. 〈크라이튼〉은 과학적 사실을 길라 허구와 혼합하여 현재 우리가 알고 있는 것이 완벽하지도 완전하지도 않다는 것을 보여 주고 있다. '쥐라기 공원'은 카오스 이론 및 그것의 철학적 의미를 소재로 사용하고 있으며 소설 속에서 유전공학의 산물로 현대에 복원된 공룡은 그들의 창조주인 인간에게 혼돈과 공포를 안겨 준다.

사업가인 해몬드 회장은 고생물학자인 그랜트 박사와 그의 조수 엘리에를 어느 섬으로 초대한다. 해몬드 회장은 〈사우리아(Sauria, 도마뱀아목)〉의 피를 흡입한 모기가 갇혀 있는 고대의 호박琥珀에서 공룡의 DNA를 추출한 다음 이 DNA를 양서류의 DNA와 조합하여 유전적으로 암컷 공룡만을 선택적으로 복원하여 배치한 테마 공원을 조성한다. 그랜트와 엘리에는 실제 공룡을 목도할 수 있다는 사실에 놀란다. 해몬드는 투자 그룹의 변호사뿐만 아니라 수학자이자 카오스 이론의 대가인 이안 맬콤도 초청하였다. 카오스 이론에 따르면 그 테마 공원은 큰 재난을 경험하게 될 것이라고 맬콤은 직감한다. 그러나 해몬드는 어떠한 상황에서도 문제의 발생을 차단할 수 있는 충분한 사전조처(우리, 전기 펜스, 컴퓨터로 조절되는 동물원, 암컷 공룡만 복제)를 취하고 있다고 자랑한다. 공룡의 탈출을 막는 전기 펜스 소프트웨어는 공룡의 유전자를 팔아 돈을 벌려는 직원에 의해 결국 작동이 중단되고 그로 인해 공룡들이 우리를 탈출해 섬을 활보하게 된다.

자연의 카오스는 이 책의 진정한 주연이다. 상호교배를 막기 위해 선택적으로 만든 암컷 공룡의 주위에는 그들의 성을 바꾸고 새끼를 만들 수 있는 충분한 양의 개구리 DNA가 존재했다. 또한 컴퓨터 모니터링 상의 잘못된 결정은 문제의 발견과 공원의 재복원을 더욱 어렵게 만들었다.

유전공학과 카오스 이론의 혼합은 더 강력한 혼합체를 창조하였다. 〈크라이튼〉은 독자들한테 무엇이 일어났고 왜 일어났는지를 알려주는데 과학을 활용하였다. 〈크라이튼〉은 과학이 얼마나 빨리 발전하는지를 보여주기도 하였다. '쥐라기 공원'에서 이루어지는 연구의 목적은 개인 또는 사회의 건강에 있지 않고 회사, 대학 그리고 각 연구자의 부를 증가시키는데 있다. 의회나 사법 체계는 과학의 발달을 따라가지 못하므로 개인의 권리는 위축되기 마련이다. 이런 면에서 〈크라이튼〉은 과학적 연구에 대한 강한 신념을 가진 작가이기도 하다. 우리는 인간 주제에 대한 연구가 왜 엄격하게 규제되어야 하는지를 '쥐라기 공원' 속의 과학자들의 연구를 통해 이해할 수 있다.

'쥐라기 공원'에서 보여준 과학은 정교하지는 않다. 예를 들어 공룡 DNA의 갭gaps을 개구리의 염기 서열로 대체한 것은 매우 큰 오류이며 소설에 나타낸 실제 DNA 서열은 척추동물에서 발견되는 유전자와 연관된 것이 아니라 세균의 발현 벡터였다.

저자의 의학적 배경이 '쥐라기 공원'에서 중요하게 작용하였음은 당연하다. '쥐라기 공원'에서 〈크라이튼〉은 말한다. "인생은 너무나 짧고 DNA는 너무나 길다". 그의 소설은 과학자들이 규제 없이 연구를 행할 때 그리고 과학이 정신착란에 빠질 때의 위험에 초점을 맞추고 있다.

2

감정 표현

특정인에게 사랑의 감정을 느끼면 왜 정신이 팔릴까? 개는 왜 꼬리를 흔들고 고양이는 왜 으르렁 거리는가? 우리는 왜 당황해하며 당황하면 왜 얼굴색이 붉어질까?

이런 질문에 최초로 과학적으로 접근한 사람이 '종의 기원'을 저술한 〈찰스 다윈Charles Darwin〉이다. 〈다윈〉은 '인간과 동물의 감정 표현'이란 책을 통해 이런 의문에 답하고 있다. '인간과 동물의 감정 표현'은 1872년에 출간되자마자 베스트셀러가 되었으며 감정과 '안면 표현'에 대한 연구를 진척시키는 출발점이 되었다. 그는 영아와 어린이, 정신이상자, 화가, 조각가, 고양이, 개, 그리고 원숭이에 대한 연구와 서로 다른 문화에서 생활해온 사람들이 그들의 감정을 표현하는 방법에 대한 연구를 수행하였다. 책 제목에서 알 수 있듯이 〈다윈〉은 인간과 동물이 그들의 감정을 어떻게 표현하고 행동하는지를 다루고 있다.

이 책에서 〈다윈〉은 집중할 때 입술을 오므린다든가 분노를 표현할 때 눈 주위의 근육이 조여지는 것 같은 인간 특성들의 기원을 동물에서 추적하는 등 진화적으로 접근하였고 동시에 영국의 저명한 정신과 의사들의 의견을 세밀히 조사하여 반영하였다. 〈다윈〉은 '표현의 일반적인 원칙'이라는 주제로 이 책을 시작한 다음 인간을 포함한 특정 종에 특이적인 감정표현 양식을 조사하였다. 불안, 슬픔, 낙담과 절망을 포함한 '의기소침'에 대한 설명과 함께 즐거움, 사랑, 다정함, 헌신 같은 '의기양양'에 대해서도 진화론적 입장의 해석을 내놓았다.

〈다윈〉은 '안면 표현'으로 드러나는 감정이 진화의 산물이라 주장하였다. 그는 여러 사람들에서 나타나는 '안면 표현'을 비교하여 인종 또는 문화적 배경에 상관없이 동일한 기본적인 움직임이 있다는 것과 인간과 동물의 표현을 비교하여 많은 놀랄만한 유사성을 발견하였다. 흥미로운 사실은 〈라마르크〉가 주장한 '획득형질의 유전'에 대한 〈다윈〉의 신념이다. 〈다윈〉은 자주 사용된 표현, 즉 습관적 행동이 결국 획득된다는 생각이 그르다고 생각하지 않았다. 이런 면에서 〈다윈〉 역시 그 시대 사람이라 할 수 있다. 〈다윈〉은 〈멘델〉의 업적을 모르고 있었기 때문에 자손에게 전달되는 유전자가 어떻게 자연 선택되는지에 대한 물리적인 설명이 불가능했다. 21세기 들어 감정 표현과 행동에 대한 〈다윈〉의 업적은 생물학, 정신과학과 심리학 분야에서 재검증되고 있다.

〈다윈〉이 인간의 사회적 교류의 핵심요소로 맨 먼저 확인했던 인류 공통의 표정은 웃음이다. 웃음은 우리를 '사회적 종種'으로 묶어준다. 인간 행동의 대부분은 진화한 것이므로 다른 동물 종에서도 원시적인 형태의 유사성을 발견할 수 있다. 인간이나 동물의 감정표현은 의사소통의 차원에서 보면 시각신호의 일종이다. 많은 동물에서 시각신호는 의례화되어 있다. 즉 진화를 겪어오면서 과장되고 정형화되어 있어서 시각적으로 쉽게 탐지될 수 있다. 시각신호는 밤이나 심해의 어두운 환경에서도 사용되는데 개똥벌레나 일부 물고기들은 멀리 있는 수신자에게 빛을 내어 신호를 전달한다. 발신자가 보낸 신호에 대한 수신자의 반응은 종종 예측할 수 있다. 예를 들어 어린 개코원숭이 수컷은 나이든 수컷의 위협 행동을 보면 암컷과의 교미기회를 포기하고 도망친다.

생물학적 진화와 문화적 진화는 동반된다. 미국의 심리학자인 〈제임스 볼드윈〉은 자연선택이 생물학적 법칙일 뿐만 아니라 생명과 정신을 다루는 모든 과학에 적용되는 원칙이라 주장하였다. 〈다윈〉이 감정의 '안면 표현'은 자연선택에 의한다고 제안한 것을 〈볼드윈〉은 '사회적 유전'이란 용어로 대체하여 설명하였다. 책 말미에서 〈다윈〉은 이렇게 말하였다. "우리는 표현을 통해 다른 사람들과의 조화를 인식할 수 있고 그 결과 우리의 고통이 경감될 수도 있으며 기쁨이 배가倍加 될 수도 있다."

3 페로몬

오랜 지구 역사에서 진화의 힘은 인간을 포함한 모든 동물의 행동을 지배하여왔다. 인간도 동물이라는 차원에서 동물 집단과 인간 사이에 어떤 차이가 있을까? 어떤 이는 인간만이 도덕적인 선택을 할 수 있다고 한다. 과연 그럴까? 피비린내 나는 복수와 응징, 이것이 인간 사회에서 더 심하지 않을까? 오히려 많은 동물들은 인간의 기준으로 볼 때 도덕적인 선택을 하며 인간과 비슷한 행동양식을 보여주고 있다.

〈페로몬Pheromone〉이란 용어는 1959년에 〈피터 칼슨〉과 〈마틴 루셔〉가 사용한 용어로, 그리스어의 '운반하다'라는 뜻을 가진 'pherein'과 '자극하다'라는 뜻을 가진 'hormone'의 합성어이다. 페로몬은 같은 종끼리의 의사소통에 사용되는 분비성 화학물질로서 경보, 먹이 존재, 성적 유혹 등 다양한 행동과 생리를 조절하는 분자이다. 대부분의 곤충과 일부 척추동물 및 식물이 페로몬을 사용해 의사소통을 한다.

인간도 페로몬을 분비하고 감지하는가? 여러 연구를 통해 같은 기숙사에서 상당기간 같이 생활하는 여성들은 월경주기가 비슷해진다는 것이 밝혀졌는데 이를 기숙사 효과라 한다. 이것은 다른 월경주기를 갖는 여성의 땀 속에 존재하는 페로몬에 노출된 여성의 생리주기가 조정되기 때문이다. 남성과 여성은 서로 다른 화학물질을 분비하고 서로 다른 반응을 보인다. PET-CT를 이용한 연구 결과, 남성의 땀에 섞여있는 화학물질이 여성 뇌의 특정 부위를 활성화시킨다는 것이 밝혀졌다. 이와 유사하게 여성의 소변에 섞여있는 화학물질은 여성보다는 남성의 뇌를 활성화시켰다. 남성 동성애자들은 여성이 그런 것과 마찬가지로 남자의 땀에 대해 같은 반응을 보였다.

페로몬은 서비골 기관에 위치한 페로몬 수용체에 결합한다. 사람의 서비골 기관은 코에서 콧구멍으로 갈라지는 격벽 위에 작은 관처럼 존재한다. 많은 과학자들은 사람의 서비골 기관이 흔적기관이라고 주장하며 일부 과학자들은 미확인 경로를 통해 뇌와 연결되어 있다고 주장한다. 그들이 조사한 대상의 85%에서 페로몬 수용체가 퇴화되었으나 15%에서는 아직도 페로몬 수용체가 존재한다고 한다. 이런 주장이 옳다면 우리 주변에 존재하는 유난히 바람기 많은 남녀들은 아직도 페로몬 수용체가 건실한 15%에 속할 것이며 이것은 사회학적 조사 수치와도 어느 정도 일치한다. 이런 부류의 사람들은 최소한 생물학적으로는 일부일처제에 만족하지 못하며 이성에 대해 매우 적극적인 집단이라 할 수 있다.

사람 사이의 사귀기나 사회적 유대감은 항이뇨호르몬 같은 호르몬의 지배를 받는다는 사실도 밝혀졌다. 항이뇨호르몬은 콩팥에서

물을 재흡수하도록 하는 호르몬으로 특히 밤에 많이 분비되기 때문에 우리가 잠자리에 드는 밤 시간 동안에는 소변을 보지 않을 수 있게 해준다. 성적 만족감에 의해서 또는 마사지에 의해서도 이 호르몬의 분비가 촉진된다. 항이뇨호르몬의 일시적인 상승에 의한 호르몬 반응이 사랑이라는 형태로 인간을 종속시킨다고 할 수 있다.

동물의 성적 행동에 대한 관찰은 인간관계에 대한 통찰력을 줄 수 있기 때문에 많은 연구자들이 집중하는 분야이다. 사람의 성적인 매력과 사랑의 감정은 종종 섞여 있다. 일부 동물은 일생동안 자신의 성적 상대에게 충실하지만 다른 동물은 훨씬 문란하다. 동물 집단에서 가장 드물고 덜 알려진 사회행동의 하나가 일부일처제一夫一妻制이다. 일부일처제가 되려면 동물은 자신의 배우자와 일생동안 교미하고 같이 살고, 자손 양육도 같이 해야 하며 침입자로부터 자손과 배우자를 지켜야 한다. 포유류 집단의 약 3%만이 일부일처제이다.

과학자들은 일부일처제를 유지하는 쥐 집단과 난교성이고 단독생활을 하는 쥐 집단을 비교 관찰하였다. 무엇이 이런 차이를 설명할 수 있겠는가? 여기에도 항이뇨호르몬이 작용한다. 수컷 실험쥐에게 항이뇨호르몬을 주입하자 한 번도 교미한 적이 없던 암컷과도 신속하게 짝을 이루었으며, 항이뇨호르몬 효과를 차단하자 이들은 다시 남이 되었다. 조사 결과 일부일처제를 유지하고 있는 쥐 집단이 훨씬 높은 농도의 항이뇨호르몬을 보유하고 있었다.

이런 연구를 기반으로 사람 뇌의 항이뇨호르모 수용체가 사람이 사회적 행동에 영향을 미친다는 사실이 밝혀졌다. 항이뇨호르몬을 받아들이는 수용체가 부족하면 사람들이 사회적 애착을 형성하는 데 어려움을 겪을 것이며 그러한 예가 성적 충실성과 자폐증이다.

사람들은 왜 모험적이고 비용이 들며 고통스럽고 위험한 의식에 참여하는 것일까? 모든 종교의 열렬한 신자들은 신앙의 이름으로 목숨을 걸고 순례에 나서고 장시간의 불편한 의식을 견디고 몹시 고통스러운 고문을 스스로에게 가하기도 한다. 재산을 기부하거나 독특한 의복을 입고 장기간 금식을 하고 또는 특정 음식을 피하기도 한다. 이러한 종교적 관행을 진화적 관점에서 어떻게 설명할 수 있을까?

흥미롭게도 이것은 영양이 포식자에게 자신의 건강과 도피 능력을 보여주는 경계도약警戒跳躍과 관련이 있다. 이것은 가식이라고 하기에는 너무 큰 비용이 드는 정직한 신호이다. 유사하게 종교적 의식은 집단의 다른 구성원에게 자신의 정직한 의지를 전달하는 행동으로서 비춰질 수 있다. 이것은 힘든 시기에 서로 의지할 필요가 있는 구성원간의 신뢰와 사회적 협동을 촉진하는 경향이 있다. 결과적으로 이런 의식들이 집단 구성원의 생존을 향상시킬 것이다. 인간과 기타 동물은 그들의 행동양식에 있어서 차이가 별로 없다. 도덕과 정직이 인간의 주된 미덕이 되려면 오랜 시간의 학습과 희생이 필요할 것이다.

4

행복의 과학

무엇이 우리를 행복하게 만드는가? 큰 저택에 사는 것 또는 고급차를 모는 것일까? 멋있고 능력 있는 배우자를 만나는 일인가? 이들을 포괄한다면 부나 명예일 것이다. 행복이란 용어는 유용성, 웰빙, 만족, 복지 등과 동의어로 사용되기도 한다. 행복이란 어떤 사람의 생을 통해서 평생 이어지는 만족이자 그 총합이다. 행복이란 그때그때 느끼는 감각과 감정이며 의식적으로 인식되는 그 무엇이다. 행복이란 히도니아(감각의 즐거움)와 행복주의(이성의 즐거움)라는 두 개의 영역으로 구성되어 있다.

행복이 목적이라는 증거는 별로 없다. 행복은 과정이다. 행복할 수 있는 조건은 어느 정도 선천적인 경향이 있다 할지라도 행복은 여전히 인간의 조절 범위 안에 있다. 행복을 키워준다고 여겨지는 물질주의는 나쁘지 않다. 물질주의가 인생에서 결혼, 자녀 출생, 우정 등과 같이 의미 있는 일들을 대체할 때만 나쁜 것이다. 사랑보다 부의 축적이 중요하다고 생각하는 사람들은 인생의 만족도가 낮다. 행복은 성배聖杯와 같으며 세상 사람들

대부분이 이것을 원하고 있다.

행복은 개인이 단지 좋다고 느끼는 것에 그치지 않는다. 행복은 개인에게도 좋고 사회에도 좋다. 행복한 사람은 보다 성공적이며 대인관계가 좋고 더 건강하며 더 오래 산다. 행복한 사람은 업무에서도 생산적이며 학교에서의 학습효과도 뛰어나고 적극적이며 창의적이다.

행복한 기질은 타고 나는가? 일란성 쌍둥이에 대한 연구 결과, 행복한 기질의 50%는 유전적이고 40%는 의식적이며 10%는 환경적 요인에 의존한다고 밝혀졌다. 행복을 향한 기질의 절반은 바꿀 수 없다. 그 몫은 유전자에게 달려 있다. 주거, 직장과 결혼 같은 환경도 변화를 이끌 수 있다. 그러나 환경은 많은 사람들이 생각하는 것처럼 그들의 행복에 큰 영향을 미치지 못한다.

생활환경은 이미 우리가 적응되어 있는 상태이기 때문에 지속적인 행복을 가져올 수 없다. 새 차 구입이나 승진 또는 주택 구매 등은 처음에는 행복감이 넘치나 시간의 경과에 따라 감소하기 마련이다. 복권 당첨자에 대한 연구 결과에 따르면 복권 당첨자는 일 년 뒤에 대조군에 비해 전혀 행복하지 않다고 한다. 물론 힘든 직업에서 여건이 좋은 직업으로 전직하였다던가, 끔찍한 결혼생활로부터 탈출하였다던가 하는 것이 우리의 행복을 증진시키지 않는다는 것은 아니다. 그러나 좋은 감정을 유지하기 위해서 우리는 어떻게 생각하고 행동할 것인가를 세심하게 조절하여야 한다. 그것이 앞에서 말한 40%의 의식적인 행동이다.

'진정한 행복'이란 책의 저자인 〈셀리그만〉은 '행복이란 기분 좋고 의미 있는 활동'이라고 말한다. 기분 좋다는 말은 '즐거운 상태' 또는 '음악을 즐기는 상태와 같은 것'을 의미한다. 시간 가는 줄 모르고 일을 한다면 당신은 무엇인가에 푹 빠져 있다. 그러나 어떤 사람의 즐거운 상태는 다른 사람에게 고문이 될 수도 있다. 즐거운 상태에 빠질 수 있는 것은 대개 우리의 장점과 재능을 사용하는 활동이다. '의미 있다'는 말은 다른 사람들에게 최선을 다해 봉사할 때 또는 자기 자신을 더 크게 만드는 일에 참여할 때 사용할 수 있다.

우리 삶의 목적은 거인이 되는 것이 아니다. 10대 후반 학생의 목적은 원하는 대학에 진학하는 것이다. 부모가 되었을 때는 자녀가 학교에 안전하게 다녀오고 하루하루를 건강하게 생활하는 것이 목적일 것이다. 어떤 사람들은 이렇게 생각한다. '내가 적당하게 교육을 받았다면 더 좋은 직업과 더 좋은 배우자를 얻었을 것이고 그러면 더 행복했을 것이다'라고. 그러나 그 기작은 작동되지 않는다. 행복은 우리가 살아가는 길 위에 존재하기 때문이다. 행복이란 '빈번한 긍정적인 감정과 자신의 삶이 선하다는 감각의 조합'이다.

5

선택

동물의 일생에 걸친 행동의 대부분은 선택의 연속이다. 잘못된 선택은 치명적일 수 있다. 이러한 선택에는 비용과 편익이 따른다. 비용편익 분석은 동물이 자신의 서식지나 자원에 다른 동물이 접근하지 못하게 하는 공격 행동인 〈영역행동〉을 통해 쉽게 알 수 있다. 영역을 차지한 동물은 이웃과 공격적 상호작용을 가지면서 자신의 영역을 주장하며 계속 경계를 순찰하고 침입자가 있으면 대응한다. 이러한 〈영역행동〉은 상당한 양의 에너지 소비가 요구된다.

인간도 매 순간 선택을 해야만 한다. 인간의 선택은 권리이자 권력이다. 선택은 변화를 이끈다. 선택은 우리를 영웅적 위치로 상승시킬 수도 있고 절망의 구렁텅이로 빠트릴 수도 있다. 〈클린턴〉 전 미국 대통령의 경우를 보면 선택의 잠재적 힘을 알 수 있다. 10대 때 그는 〈존 F 케네디〉 대통령을 만나 깊은 감명을 받았다고 한다. 그 결과 그는 어느 때 부터인가 지구상에서 가장 강력한 나라의 지도자가 되겠다는 결심을 하였다고 한다. 그 결정의 선택에 의해 그는 재즈 음악가가 아닌 엄청난 명예와 영광을 안겨준 정치가가 된 것이다. 불행하게도 〈르윈스키〉와의 성추문은 동일한 선택이었다고 말하기 힘들다. 그 후회스런 결정은 수치와 불명예를 안겨주었을 뿐이다. 이것이 선택의 힘이다. 선택은 인간으로 하여금 자신의 꿈에 근접하게 하거나 또는 멀어지게 한다. 인간이 동물과 다른 점은 자유의지를 가지고 적극적으로 선택하여 권력을 세울 수 있다는 점이다.

현존하는 사회질서의 패러다임을 바꾸기 위해 인간은 어떠한 선택을 하여야 하는가? 일상생활의 개인적 관계, 자연자원의 이용, 사업과 상업 활동 등에서 어떤 사람은 다른 사람의 비용을 착취하여 자신의 이익을 취한다. 이것이 정치적 갈등의 근본 이유이다. 갈등은 어떤 사람에게는 이익이 되나 다른 사람에게는 해가 될 때, 특정한 사람들에게 짐을 지우는 행위에 의해 생기게 된다. 이런 까닭에 정치 및 사회적 관계에 근본적인 불의가 존재하게 된다.

정부가 정치 및 사회적 불평등 상태를 용인하거나 또는 정부가 그 자체를 생성하는 한 인간은 정당한 법으로부터 유래한 평화와 정의 속에 살 수 없게 된다. 법이 일부 계층의 손실의 대가로 다른 계층에게 이익을 준다면 정당하다 할 수 없을 것이다. 역으로 정당한 법이란 다른 사람에게 해를 끼치거나 착취하는 것을 금하는 것이라 정의할 수 있다.

인간은 기본적으로 게으르고 누군가가 부여한 권력에서도 평등하지 않다. 인간의 게으름은 다른 사람 것을 훔치거나 속임수에 의해 자신의 부를 축적하도록 유혹한다. 교활함, 지능 또는 육체적

강인함 등이 다른 사람들을 착취하도록 만든다. 지난 수 십 년 동안 인간 사회에서 이 차이는 더욱 증폭되어 권력을 가진 사람들은 건강, 부, 교육, 음식과 안락함을 즐기게 되었으며 이것은 다시 소외된 자들에 대한 그들의 지배력을 더욱 향상시키게 되었다.

선택은 변화를 위한 촉매제이다. 권력은 다른 사람에 대한 조절이지만 선택은 나 자신의 성과에 대한 조절이다. 선택은 우리 생애의 모든 단계에서 반드시 해야만 하는 결정이다. 목적이 있다면 합당한 선택을 하여야 한다.

지금까지 정치활동은 주로 집합적 정치인들에 의한 오프라인 영역에서의 조직과 관리 차원에서 이루어져 왔다. 그러나 최근의 정보기술의 발달은 지역적, 사회적 정치지형을 근본적으로 바꾸어 놓았다. 정보기술이 민주주의의 확산과 밀접하게 관련되어 있어 정치적 토론과 참가에 필요한 새로운 공간과 양식이 요구되었다. 정치에 대한 정보기술 적용은 정치적 네티즌들에게 권력을 부여했으며 이것은 일반 시민들에까지 확산되어 전통적인 정치토대를 실제적 민주주의 단계로 바꾸어 놓았다. 이들은 정치적 콘텐츠를 공유하며 불과 몇 초 사이에 정치적 로비, 네트워킹, 의견의 확대 재생산, 투명성, 인권 등에 대해 실시간 사회를 생성해낼 수 있다. 그러한 집단은 감시자를 감시하거나 정치적 항의 또는 직접 행동에 나섬으로써 시민들에게 권력을 부여할 수 있다.

전 세계를 통틀어 정보의 흐름은 매우 역동적이다. 오늘날 우리는 미디어와 청중 사이의 수준 높은 쌍방향 의사소통을 보고 있다. 사람들은 자신의 정보를 만들어내고 교환하기를 원한다. 이제 독자, 관람객, 청취자 등은 설 자리가 점점 줄어들고 있다. 정치적 교환과 동원 방식은 온라인 웹보드에서 이메일로, 소셜네트워크 서비스로 이동하고 있다. 스마트폰은 서투른 SMS 메시지에만 사용되는 것이 아니라 실시간 대화창구이며, 페이스북과 트위터를 통해 정치 뉴스와 자신의 의견을 실시간으로 교환하고 있다. 사람들은 그들의 생각을 보다 정직하게 표현할 수 있으며, 경우에 따라서는 익명으로 표현할 수도 있다. TV 캠페인이나 가두행진 또는 개별 가정 방문 같이 터무니없이 비싼 경비를 치르지 않고도 실시간으로 연결된 사람들을 보다 쉽게 동원할 수 있다. 또 다른 경향은 디지털 정치의 영역이 물리적 장벽을 초월한다는 것이다. 오늘 한국의 진보적인 인사들은 뉴욕의 월스트리트에서 농성중인 젊은이들을 실시간으로 응원하고 대화를 나눌 수 있다.

디지털 정치란 많은 집단이 쌍방향적으로 집단적인 결정을 내리는 과정을 말한다. 디지털 정치는 주로 인터넷과 네티즌 사이의 무선 기술의 교차점에서 형성되며, 접속성과 콘텐츠를 통한 비물리적 공간 내의 특별한 사회이다. 디지털 정치의 독특성은 기술과 정치의 수렴현상이다. 디지털 정치는 접속성, 시민성, 광장으로서의 원형, 콘텐츠, 공동체 등의 요소로 구성되어 있다. 디지털 정치 영역에서 활동하는 사람들은 그들의 정치적 아이디어를 자유롭게 소통하고 교환할 수 있는 새로운 테크노-어휘로 무장되어 있다.

피상적인 수준에서 디지털 정치는 온라인 정치광들의 행위라고 생각할 수 있다. 이들은 정치적 활동의 대부분을 웹사이트나 이메일 또는 블로거 교제에 우선권을 둔다. 대부분은 자신의 사이트나 페이스북에 대해 코멘트를 받으며 트위터를 통한 상호 교신이 일반화되었다. 온라인에는 텍스트와 이미지가 있고 개인적 접속이 가능해 보다 많은 사람들이 함께 할 수 있다.

소셜네트워크란 말 그대로 사회적 관계망이다. 인간이 여러 사람과 관계를 형성하는 소셜네트워크를 통해 가치, 태도, 의견 등을 공유함으로서 개인과 사회적으로 결합된 사람들 간의 관계망이라고 할 수 있다. 이제 조직을 꾸리고 군중을 동원하는 시대는 갔다. 정치도 관리와 소유가 아니라 접속의 시대가 된 것이다. 시민들은 디지털 정치 현장에 접속하여 사용할 수 있는 권리뿐만 아니라 쌍방향의 공동 의사결정 권력을 획득한 것이다.

디지털 정치는 전 세계적으로 일반화될 것이다. 정보기술 공간의 주요 활동가들은 정부규제 대 자유방임주의, 개인권리 대 사회적 이익 같은 정책 역학을 단순화시킨다. 시민들은 자신들의 정치적 이익을 위해 결집할 수 있는 추진력을 갖추었으며 정부 당국자는 새로운 도전과 위협을 받고 있다. 디지털 도구 및 응용의 수렴은 일반시민 수준에서의 정치적 자각을 증가시켰으며 이로 인해 정치 게임의 변혁까지 초래하고 있다.

7 리더십

리더십이란 사람들에게 어떤 일을 시키는 것이 아니라 그들이 어떤 일을 스스로 하도록 만드는 것이다. 리더십은 추종자들의 신념과 욕망을 형상화形象化하는 것이다. 따라서 리더십은 관리, 의사결정과 권위 같은 것과는 뚜렷하게 구분된다.

우리가 리더십에 대해 생각할 때 대부분은 지도자에 초점을 맞추는 경향이 있다. 그러나 추종자들이 없다면 지도자도 없다. 리더십은 참여를 전제로 한다. 지도자와 추종자는 서로에게 이익을 부여하는 상호 호혜관계로 존재한다. 리더십은 상호간의 대화를 통한 의견수렴을 통해 발휘된다. 지도자는 추종자의 가치, 신념, 포부와 정체성을 숙지하고 존중해야만 한다. 지도자와 추종자 사이에 이러한 부분의 차이가 존재하게 되면 지도자와 추종자 사이의 일체성一體性이 상실된다. 따라서 지도자와 추종자는 공통 배경에서 생각하고 그 생각을 실체화實體化시키는 추진력을 공유해야 한다.

유능한 지도자란 추종자들로 하여금 그들의 신념과 욕망을 자극시켜 일체성을 공유하게 만드는 사람이다. 일체성의 공유는 창의적인 리더십의 근본이다. 진실에 대한 정의를 조절할 수 있다면 세계를 변화시킬 수 있다. 우리가 살고 있는 세계를 이해하는데 있어 일체성과 리더십 사이의 연관과 그 기능은 매우 중요하다. 유능한 지도자는 권위를 내세우지 않고 집단 내에서 집단의 모습 및 지향점에 대해 추종자들과 생산적인 대화를 통해 추종자들의 가치와 의견을 이해하는 것이 필수적이다. 이것은 지도자가 추종자들이 갖고 있는 가치관에 대해 집단적으로 대화하는 것을 배워야 한다는 뜻이다. 추종자들이 어디에 서 있는가를 모른다면 지도자는 추종자를 이끌 수 없다.

지도자는 그 자신뿐만 아니라 자신과 연관된 집단의 일체성과 관련된 배경을 이해할 필요가 있다. 여기에는 그 집단의 문화적 지식과 역사성의 파악이 우선시된다. 또한 지도자에게는 집단의 일체성을 확립하는데 필요한 여러 수사적 기법이 요구된다.

어떻게 이런 것들을 획득할 것인가? 하나의 가능성은 집단 내에서 기능하는 문화적 지식을 획득하는 것과 '우리가 누구인가'에 대한 직관적 이해이다. 많은 지도자들이 초기에는 변방에 있었다. 〈히틀러〉는 오스트리아에서, 〈스탈린〉은 그루지아에서, 〈나폴레옹〉은 코르시카에서 태어났으며 〈간디〉는 남아프리카에서 자랐다. 이들은 그들이 속한 집단에 대한 충분한 연구를 통해 내부자들보다 집단내의 정체성을 반사적으로 더 잘 알게 되었다. 그들은 내부자와 동일한 지위를 차지하고자 노력하였고 그들을 설득하는 기법을 연마하였다.

리더십이란 지도자의 목표나 비전에 추종자들이 자발적으로 순종하는 것으로 정의할 수 있다. 만약 어떠한 목표가 집단에 최상의 이익을 줄 것이라고 믿을 때 지도자는 추종자들에게 순응을 강제할 것인가? 가끔은 그렇다. 왜냐하면 한 집단의 모든 구성원들은 지도자가 그들에게 제시한 것에 대해 동일한 확신을 가지지는 않기 때문이다. 그러나 지도자가 강압적 힘에 호소할 때 그것은 리더십이 아니라 본질적으로 권력을 사용하는 것이다.

많은 독재자들이 처음에는 추종자들에게 그들이 원하는 것을 주어 그들과 일체가 된다. 그러나 일단 추종자들의 욕구가 충족되면 추종자들은 더 이상 독재를 원하지 않으며 보다 많은 자유를 원하고 이것이 지도자와 추종자 사이의 근본적 괴리이다. 독재자들은 추종자들의 욕망을 충족시켜 하나로 만들 수 있다. 종종 추종자들은 보다 강한 리더십을 원하며 독재자들도 강한 지도자가 되길 원한다. 그 결과 래칫효과(예를 들어, 소득 증가는 소비 지출 증가로 이어지나 소득 감소는 소비 지출 감소로 이어지지 않는 현상)에 의해 미친 독재가 가능해지는 것이다.

리더십이란 서로 다른 단계에서 각각 다르게 작용하는 발달과정이다. 시작 단계에서는 어떤 사람이 집단을 대표하는 것처럼 보이기 때문에 집단적인 순응이 일어난다. 이 권력은 이어서 경찰과 법원 같은 억압시스템을 조절하기 위해 사회의 정치적 및 제도상의 구조를 변화시키는데 사용될 수 있다. 이 과정에서 리더십에 대한 기초가 심리학적인 면에서 정치-사회적인 부분으로 전환이 이루어진다. 이 과정의 마지막에서 사람들은 자신들의 지도자이자 해방자라 환영했던 사람이 억압자로 바뀌어있음을 깨닫게 된다.

지도자는 실제적이고 또한 언사적이다. 지도자는 일체성의 지휘자이어야 한다. 지도자와 보스는 어떻게 다른가? 지도자는 개방된 곳에서 일하나 보스는 암암리에 일한다. 지도자는 추종자들을 조율하는 지휘자이나 보스는 구성원들에게 일방적으로 지시를 내리는 명령권자이다. 언로가 막힌 집단의 우두머리는 보스일 뿐이다.

8 인간의 행동

행동이란 몸을 움직여 내·외적 자극에 대하여 생물체가 보이는 반응을 이른다. 불이 꺼졌을 때 동공이 확대되고 압정에 밟혔을 때 재빨리 발을 드는 것들이 행동의 예이다. 고차원의 행동은 뇌 전두엽의 신경세포들에 의해 유발되는 의식적인 행동들이다. 자의적 행동은 어떠한 필요를 충족하기 위해 자극되거나 혹은 동기가 부여되어 행하여진다.

동기라는 것은 무더운 여름날 시원한 물을 마시고 싶은 것 같은 추상적인 것일 수도 있고 방광에 오줌이 가득 찼을 때 화장실에 가고 싶은 욕망 같은 구체적인 것일 수도 있다. 동기는 결국 행동을 유발하는 추진력이라 할 수 있다. 물론 동기부여가 어떤 특정한 행동이 일어나기 위해서 필요하지만 반드시 그 행동이 일어나는 것을 보장하는 것은 아니다.

인간의 행동은 뇌 활동의 결과이다. 정확하게는 뇌의 선천적인 작용과 환경 사이의 상호작용 산물이다. 각 개인의 특성을 결정짓는 중요한 요소는 DNA이며 이는 일란성 쌍둥이가 아닌 한 개인마다 고유하다. 인간

뇌의 고유한 특성을 형성하는 또 다른 요인은 축적된 개인의 경험이다. 환경으로부터의 감각 그 자체도 뇌에 영구적인 흔적을 남길 수 있다. 그렇기 때문에 일란성 쌍둥이의 경우도 물리적인 면에서는 동일할지라도 행동에 있어서는 동일하지 않다. 유전 및 경험에 의한 차이는 결국 뇌의 물리적 변화로 표현되며 인간 사회에서 나타나는 모든 범주의 행동을 설명할 수 있다.

오래전에 일군의 과학자들이 일본의 코시마 섬에 사는 '일본원숭이'를 관찰한 기록이 있다. 과학자들은 지나가는 배에서 해변으로 고구마 조각을 던져 원숭이를 유인하였다. 원숭이들은 고구마에 묻은 모래를 털어내려 시도했지만 고구마 조각은 여전히 모래 투성이였다. 그러던 어느 날 〈이모〉라는 어린 암컷이 바닷물로 고구마에 묻은 모래를 씻어냈다. 그러자 원숭이 집단의 대부분이 〈이모〉의 행동을 따라 했다. 성체 수컷은 이 행동을 모방하지 않았지만 어미나 암컷 형제로부터 이 행동을 배운 어린 수컷은 자라면서 계속해서 고구마에 묻은 모래를 바닷물로 씻어 먹게 되었다.

다음에 과학자들은 이 원숭이 집단에 또 다른 실험을 실시하였다. 과학자들은 해변에 밀을 뿌려준 다음 원숭이들의 행동을 관찰하였다. 모래에서 밀알을 골라내는 것을 상상해보라. 하지만 비범한 능력을 갖춘 〈이모〉는 결국 해결책을 찾아냈다. 그는 모래 속에 섞여있는 밀을 물에 던져 물에 뜨는 밀 알갱이만 걷어내 먹었다. 이런 효율적인 섭식행동은 고구마를 씻는 것과 마찬가지로 집단 내에 신속하게 퍼져 나갔다. 불과 한 세대 만에 '일본원숭이' 집단은 먹이에 묻은 이물질을 물로 씻고내고 물에서 놀며, 해산물 섭취를 비롯한 행동, 즉 물과 연관된 행동의 새로운 문화를 배우고 전수하였다. 학습된 행동이 공유되면 문화가 된다.

민주국가에서는 선거 과정을 통하여 권력의 기반이 바뀌고 정권교체가 이루어진다. 정치에 힘을 발휘하는 조직에는 여론 주도층, 감세를 주장하는 부유층뿐만 아니라 세제 개혁을 주장하는 집단까지 매우 다양한 부류가 존재한다. 이러한 집단과 함께 여러 씽크 탱크의 역할도 막중하다. 미국의 경우 헤리티지 재단이나 미국 기업 연구소 등이 있고 국내에도 전경련 부설 연구소 및 재벌 소유 연구소 등이 한몫을 하고 있다. 이들 비 정당 조직들은 객관적 정책 조언 보다는 보수적인 방향으로 여론과 정책을 바꾸고자 한다.

새로운 정권의 출범이나 정권교체에 따른 흥분이 소수의 기쁨으로 끝나서는 안 된다. 시원스레 불어오는 바람이 모든 배를 순항시키지는 않는다. 요트는 날렵하게 미끄러져 가지만 고무보트는 대부분 그 자리에 서 있다. 서 있는 것이 아니라 요트가 지나가야 하기 때문에 고무보트들은 한쪽으로 피해주어야 한다. 부의 집중과 착한 정부는 양립할 수 없다. 〈루스벨트〉는 부와 가난 사이의 불균형이 모든 국가의 가장 오래되고 치명적인 불안정 요인이라 했다. 또한 자유시장의 아버지라 불리는 〈애덤 스미스〉조차도 불평등은 가난한 자에 대한 부자들의 방어벽으로 작용할 수 있다고 경고했다.

'불평등의 정치적 원인'은 중산층에 대한 정치적인 유기가 대부분이다. 어떻게 권력은 부자들을 더욱 부유하게 만들고 중산층을 다시 밑바닥으로 곤두박질치게 하였는가? 미국의 경우 지난 10년간 상위 1%의 수입은 256% 증가하였고 하위 80%의 수입은 20%의 증가에 그쳤다. 이것은 세계화 시대에 따른 무한경쟁의 피할 수 없는 결과가 아니라 정치적인 힘의 작용에 의한 것이다. 경제 피라미드의 정점에 있는 사람들은 세금을 낮추기 위해 정치적 지렛대를 개발하고 사용하며 금융 산업의 규제를 풀고자 하며 노조 무력화를 시도한다.

미국의 경우 지난 30년간 정치 시스템과 관련 조직에 의해 부자들은 더 큰 부를 축적하였다. 경제적 불평등의 원인은 여러 가지가 있을 수 있으나 주로 정치권력에서 비롯된다. 경제적 불평등은 의사 결정력이 떨어지는 사람들의 비용에서 기득권층이 이익을 취하는 방식으로 시장을 개편하는 정치적 결정의 결과물이다.

정책이 실행되는 실제적인 과정은 언론 매체가 관심을 덜 갖기 때문에 일반 대중들도 이해의 폭이 좁다. 각국에는 부의 축적을 추구하는 영향력 있는 많은 기구들이 존재한다. 이런 기구는 그들이 갖고 있는 많은 재화 때문에 정치인들의 관심을 끌게 된다. 이와 유사하게 사회적 약자 집단을 대변하는 기구들 역시 존재한다. 결국 선거뿐만 아니라 정책에 대한 이러한 기구들 사이의 전투가 정치적 갈등을 유발하고 그 결과가 승자 독식으로 나타나게 된다. 이러한 시스템적인 정치적 편향 때문에 불평등이 더욱 커지게 된다. 부자들은 가난한 사람들 및 중산층보다 훨씬 강력한 조직을 가지고 있다. 그들은 그들의 조직과 정치적 후견인들을 통해 그들의 이익을 최대화시킬 수 있도록 시장을 재구성하는 새로운 정책을 수립하도록 유도한다. 이것은 우리나라의 부동산 정책의 변화 양상을 통해서도 알 수 있다.

승자 독식은 권력을 통한 부의 집중을 유발할 수밖에 없다. 이 문제는 결국 권력 분점을 통해서만 해결될 수 있는 지난한 과제이다. 권력 분점이란 아랫사람들을 신뢰하고 권한을 배분하며 의견을 수렴하는 것이다. 중앙정부든 지방정부든 조직의 수장이 모든 것을 움켜쥐고 권력을 행사하는 것 역시 승자 독식 방식으로 이런 조직에선 권력집중과 그에 따른 경제적 불평등이 심화될 수밖에 없다. 아래로 권력을 나누어 주는 것, 이것이 권력 분점이며 중산층이 두터워지는 건강한 사회를 만드는 첩경이다.

10 의심과 회의

대한민국은 주식회사이고 앞으로도 그럴 것인가? 주식회사라면 우리는 뛰어난 비즈니스 마인드를 가진 사람을 지도자로 뽑아야 할 것이다. 회사에서는 인센티브와 제제가 중요하다. 성과를 잘 내면 보상을 받고 그렇지 못하면 처벌을 받거나 해고될 수 있다. 무언가 중요한 일을 행할 사람은 비즈니스 마인드를 가져야 한다는 생각을 이제는 바꿔야 할 시점이다. 규제완화와 민영화로 요약되는 공공부문의 시장개혁을 외치는 쪽에 인간에 대한 최소한의 예의조차 찾아보기 힘들다. 민영화, 구조조정과 성과계약 등으로 요약되는 경쟁 만능주의를 되돌아볼 때이다.

정치는 비즈니스가 아니다. 그러기에 막대한 예산을 들여가면서 선거를 치르는 것이다. 선거 과정을 통해 많은 국민이 통합될 수 있는 좋은 정책을 제시하고 선택받아야 한다. 선거를 치르면서 꾸려진 조직은 정권을 잡은 후 철저히 중앙집권적으로 되며 대개는 위계질서에 따라 상명하달식의 기업 모델을 따라가게 된다. 정부가 운영하는 기관들은 독점체제에서 벗어날 수 없어 비효율적이고 스스로 발전할 원동력이 없기 때문에 시장원리를 도입해야 한다는 논리가 운명처럼 따라다닌다. 많은 사람들이 이제까지 여러 분야에서 행해진 시장의 가치를 내세운 기치와 만병통치약의 효능에 의문을 품고 아우성을 치기도 했지만 득표를 앞세운 권력 앞에 무력할 수밖에 없었다.

요즘에는 교육부문까지 경쟁에 내몰리고 있다. 공교육은 민주사회에 필수적인 제도로 그 거버넌스는 민주적이고 공적 토론이 가능해야 하며 공공의 참여로 이루어져야 한다. 지금의 교육 공백은 우리나라의 미래를 어둡게 만들 것이다. 좋은 교육의 근본은 시장의 논리가 아니라 가정, 교실, 공동체 및 문화에서 찾아야 한다.

권력자는 구중궁궐에서 신의 행세를 해서는 안 된다. 자신의 오류를 인정하지 않고 좀처럼 의문을 품지도 않으며 새로운 증거가 나타나도 자신의 견해를 굽히지 않고 자신의 의견만 고집하는 독선적인 권력자를 어떻게 볼 것인가? 의심과 회의를 품는다는 것은 인간에게 이성이 있다는 증거이다. 자신의 생각에 매몰되다 보면 그 관점과 상충하는 증거를 직시하지 못할 위험성이 있다. 의심을 한다는 것은 새로운 사실과 근거에 맞닥뜨렸을 때 이미 확고해진 신념일지라도 재평가할 의지가 있다는 것을 의미한다.

개선과 발전은 서로 다른 견해와 새로운 아이디어의 제시에 따라 현 상태가 고착되지 않을 때 이루어진다. 정책 결정자들이 성공적으로 일하려면 자신의 계획을 설명하고 공적인 검토 절차를 거치고 다른 사람들을 설득해야 된다. 동시에 견제와 균형 사이에서 자신의 생각과 견해를 발전시켜야 한다.

11
생태계 보존

지구상의 생물들은 지난 38억년 동안 매우 단순한 형태에서 복잡한 형태로 진화되어 왔다. 인류는 이런 거대한 생물학적 건축 계획에서 비교적 늦게 나타난 생물이다. 이렇게 늦게 나타난 인류가 지난 만년 동안에 자신의 삶의 유형뿐만 아니라 지구의 생태계를 완전히 바꾸어 놓았다. 생물학적으로 볼 때 자연계에 지대한 영향을 미친 생물종이 인류뿐이라고 말할 수는 없다. 초기 원생대의 광합성 생물은 대기 중에 산소를 방출함으로써 지구상에 산소를 소비하는 생물들을 출현시켰으며 인류도 그 중의 하나이다.

인류는 현재 지구 환경을 급격하게 변화시킬 수 있는 만큼의 인구와 기술, 문명을 갖고 있다. 이것의 끝은 어디일까? 자원의 고갈은 결국 약탈을 수반하고 이것의 규모가 커지면 전쟁이 되는 것이다. 자원의 소비와 인구의 증가는 자원이 무한하고 환경이 수용 가능할 때 지속될 수 있다. 현재 나타나고 있는 식량부족 사태와 기후변화는 수용 가능 범위를 넘어섰기 때문에 일어나는 것이다. 이런 경향을 되돌리기에는 너무나 큰 변화들이 지금 우리 눈앞에 펼쳐지고 있다. 예를 들면 북극의 얼음이 녹고 있으며 빙하가 후퇴하고 있다. 지난 세기에 해수면은 약 20cm 상승하였다.

급격한 변화를 알려주는 경보체계가 존재한다면 어떨까? 예를 들어 외부 온도가 떨어지면 피부 표면의 감각 수용체가 신경계로 그 정보를 보낸다. 신경계는 체온이 너무 떨어지기 전에 체온을 높이도록 신호를 전달한다. 그 결과 우리는 자신도 모르게 몸을 떨거나 혈류를 피부 깊숙이 향하도록 하여 체온을 상승시킨다. 신체 내에서 나타나는 이러한 경향을 항상성이라 한다. 항상성이 무너지면 질병에 걸릴 수 있고 그 정도가 심하면 죽게 되는 것이다.

자연계에도 신체에서와 같이 이런 경보체계가 존재한다면 환경에 큰 변화가 나타나기 전에 대응할 수 있을 것이다. 그러나 변화가 일어날 때 작동되는 되먹임 작용만으로는 부족하다. 예를 들어 원격 조기 경보시스템을 생각해보자. 어느 나라를 향해 발사된 미사일을 탐지하여 맞대응하는 경우를 생각해 볼 수 있다. 이런 경우, 조기 경보체계가 작동할 때면 이미 늦어 대규모 파괴를 피할 수 없게 된다. 따라서 인간은 자연을 되돌리기가 불가능해지기 전에 현명하게 대응해야만 한다. 다행이 인간은 미래를 예측할 수 있는 탁월한 능력을 갖고 있다. 그것은 유토피아나 지옥에 대한 인간의 비전이다.

이러한 능력을 이제는 자연계에 적용해야 할 때가 되었다. 지금까지 아무 말 없이 만년 이상 동안 인간을 품어준 지구를 보듬을 때가 된 것이다. 인류는 더 이상 자연을 파괴하지 않고 자연과 더불어 살아가야만 한다. 인구 증가에 대한 자연의 수용한계를 고려한 정책을 세우고 실행해야 한다. 이러한 사고의 전환이 이루어지지 않는다면 인류뿐만 아니라 이 지구에 엄청난 재앙이 초래될 것이다. 적응력을 갖는다는 것과 그 능력을 활용하는 것은 다르다. 인류는 수많은 지구상의 생물종 중 하나로 스스로를 조절하지 않는 무한 팽창의 질주를 계속해왔기 때문에 생물계를 포함한 지구 전체를 위기에 빠뜨리게 되었다.

인류의 생존은 기본적인 인간가치 개념과 주위의 다른 생물과의 조화를 이루는 생태계를 보전, 복원하고 관리하는데 달려 있다. 인간의 가치기준은 변할 수 있다. 그러나 반드시 주변의 생물적 현실과 상응하여야 한다. 생태계를 지배하는 에너지 흐름의 원리, 현명한 자원 활용의 테두리를 건드리지 말아야 한다. 이것은 인류의 생물학적 의무이고 문화적 의무이다. 생물학은 인간행위의 당위를 다루지는 않는다. 생물학자는 인류 문화의 뿌리를 수렵-채취의 원시생활에 두고 진화적 배경을 사회성 영장류에 두고 고찰한다. 지속가능한 개발은 자연군집을 지속시키는 상호작용의 복잡한 망을 훼손하지 않으면서 인간에게 이익이 되도록 생물종다양성을 이용하는 방안을 포함해야 한다.

12

인류를 위한 건축

현대 사회는 지축이 흔들릴 정도로 빠르게 사회 전 분야의 패러다임이 바뀌고 있다. 정치 세계도 마찬가지여서 고전적인 〈일 대 다〉의 구조가 아닌 〈다 대 다〉의 수평적 체제가 밑으로부터 형성되고 있다. 편견이 없고 비정치적으로 옳으며 용기 있게 진실을 말하는 사람들이 사회와 정치라는 게임, 나아가서 역사까지도 바꾸어 왔음은 주지의 사실이다.

정치, 연예, 대중문화에서 우리가 새로운 것이라고 하는 대부분은 오래된 게임에 새로운 선수가 등장한 단지 신종제품이거나 일시적 유행일 뿐이다. 표현의 새로운 방법, 새로운 시각, 관습과 공포에 노출되었을 때 대처하는 방법, 봉사의 새로운 방법을 모색하는 많은 사상가들, 정치인들, 사회 디자이너와 혁신가들이 필요한 시점이다. 현실정치라는 게임 영역은 규칙과 규칙을 강제하는 심판에 의해 제한을 받는다. 수많은 혁신가들이 이러한 게임의 규칙에 의해 침묵을 강제당해 왔다.

〈인류를 위한 건축〉은 인류의 위기에 대한 답을 찾는 비영리기관이다. 이 기관은 공동체가 필요로 하는 것을 해결하기 위해 전문적인 디자인을 하고 실행한다. 이들 기관에 종사하는 사람들은 자원과 기술이 부족한 곳에 혁신과 지속가능한 집합적 디자인이 필요하다는 믿음을 가지고 있다. 〈인류를 위한 건축〉은 동반자 관계, 시민단체 활동 및 교육에 기반을 둔 프로그램을 통하여 인류애를 증진시키기 위해 사회적 디자인을 한다. 이 기관은 그들의 영역을 확대하는데 미디어를 혁신적으로 사용하고 있다. 그들은 점진적인 변화의 촉매자로서 또는 공동체가 필요로 하는 전문적인 틀을 디자인하고 네트워크를 형성하는데 미디어를 적극적으로 활용하고 있다는 점에서 시대의 흐름을 타고 있다. 단지 오래된 게임에서 이기는 것을 추구하는 것이 아니라 게임 자체와 게임의 규칙을 바꾸려고 시도하는 사람들을 조직화하고 실천력을 키워주는 일을 통해 인류 공동의 선을 추구하고 있다.

우리는 사회적 자각, 새로운 지식의 축적과 창조 그리고 인간과 환경과의 공존이 요구되는 시대에 살고 있다. 지금은 게임을 더 잘하도록 자질을 북돋우는 사람이 아닌 진정한 게임 변경자가 필요하다. 그러한 변경자는 우리의 어렴풋한 꿈을 새로운 꿈으로 변화시킬 수 있는 의지와 동력의 소유자이다. 비웃음의 공포를 딛고 진리를 말할 용기를 갖는다면 우리들 모두 진정한 게임 변경자가 될 수 있다.

우리는 가끔 자신의 운명을 주형鑄型할 능력이 있다는 것을 잊곤 한다. 희망을 선택한다는 것은 지금까지 살아왔던 가치와 신념에 대해 재평가해야하기 때문에 위험하다. 변화는 고통이 따른다. 그러나 변화는 자신의 손으로 자신의 미래에 대해 책임을 진다는 의식과 실천의 결과물이다. 이것은 건강한 회의론을 갖는다는 것과 미래의 우리의 모습을 형상화하는데 요구되는 조건들을 면밀하게 조사한다는 것을 의미한다. 가끔 우리는 자신의 잘못을 발견한다. 무지의 발견은 진전을 위한 훌륭한 밑거름이다. 잘못된 선택에 따른 재난은 우리의 눈을 뜨게 해주며 우리를 둘러싸고 있는 사슬을 인식하는데 도움이 되는 객체인식의 감각을 키워준다.

VI. 과학의 미래

1

교육의 목표

최근 들어 정부 및 청와대에서 사교육 대책을 가지고 혼선을 빚는 모습이 자주 보여 지고 있다. 국세청을 통한 학원 단속과 심야학원 운영중지 방안이 나오고 있다. 정부에서는 "교육을 바꿔야 나라가 산다"며 고강도 대책 마련을 약속했으며, 최근에는 마이스터고를 도입하여 기능 습득을 통한 사회진입의 수월성을 강조하기도 하였다. 대학도 마찬가지다. 선택과 집중이라는 구호 아래 연구비 및 인력의 집중이 이루어졌고, 모든 평가 기준이 양적 잣대로 획일화 된지 오래다. 엊그제에는 몇몇 대학에서 전문계 출신들이 3년 이상 산업체에서 근무하면 무시험으로 대학에 진학시키겠다는 정책을 발표한 바 있다. 교육의 목표가 효율성 있는 기능인의 배출이라면, 현재 우리나라에서 펼쳐지고 있는 교육환경은 적절할 것이다. 마이스터고, 기숙형 학교와 자립형 학교 등등은 경쟁 지상주의를 부르짖는 지금의 교육환경에서는 적절한 시스템이라 할 수 있다.

그러나, 이러한 종류의 교육은 민주사회의 구성원으로서 필요한 책임 의식을 가진 인간이 아니라 인간 자체를 상품으로, 좀 더 진실 되게 표현하면 스스로를 사회에서 팔 수 있는 재산으로 밖에 생각 못하는 인간들을 양성하게 될 뿐이다. 그 결과는 무엇인가? 단적으로 말하면 선수들만 양성할 뿐이다. 목표도 이상도 잊어버리고 오직 뛰어난 기교로만 무장된 싸움꾼들을 사회에 내보내고 있는 것이다. 대학에서도 교수나 학생 모두 시장에서 요구하는 '경쟁력'이라는 싸움터에 내몰리다보니 진리 탐구나 문제해결 능력의 배양 같은 원래의 이상은 사라지고 온갖 수치와 점수만 나부끼고 있다.

세상은 변했지만, 교육의 목표가 무엇인가는 결코 변할 수 없는 가치이다. 사회에서 필요로 하는 노동력을 팔 수 있는 기술을 배운다든가, 단지 일류학교 진학에 필요한 수단을 익힌다든가 하는 것이 현 시대의 교육 이념으로 타당한 것인가. 교육 개혁을 이야기하기 전에 교육의 본래 의미를 정책 당국자들은 잊고 있는 것 같다. 우리가 배웠고 지금도 유효한 교육의 목표는 어려운 게 아니다. "교육은 사회적 신뢰와 공감(共感)을 육성하고 타인과의 유대를 권장하며 문화가 문명생활을 유지하는데 막중한 역할을 하고 있다는 것을 학생들에게 일깨어 주어야 한다"는 〈제러미 리프킨〉의 지적은 매우 큰 타당성을 갖고 있다. 시장에서 팔아먹을 수 있는 기술도 중요하지만 이것은 어디까지나 보조 수단이지 현대 시민의 교육 목표 그 자체를 대신할 수는 없는 것이다.

그러면 지금 이 시점에서 무엇이 중요한가? 이것은 인성교육, 민주사회에 필요한 시민의식 교육, 문제해결 능력, 그리고 최근 들어 더욱 가치를 발하고 있는 봉사학습 등 우리가 살아가면서 필요성을 느끼는 것들에 대해 진지하게 고민하고 효과적으로 교육시키는 것이다. 즉 교실과 사회를 하나로 엮어 모든 공부가 인간의 실생활과 연결되는 시스템을 구축하는 것이다. 미국 등지에서 이미 시도되고 있는 이러한 교육 방식은 전통적인 학습방법에 현장학습과 문제해결 능력 향상 방법, 시스템 중심의 개념학습을 통합하는 것이다.

여기에 개혁이라는 단어가 등장한다. 눈에 보이는 것만을 추구하는 정책이 교육에도 철저하게 스며들었다. 〈백범〉은 그가 원하는 나라를 이렇게 표현했다. "지금 인류에게 부족한 것은 무력도 아니요, 경제력도 아니다. 자연과학의 힘은 아무리 많아도 좋으나 인류 전체로 보면 현재의 자연과학만 가지고도 편안히 살아가기에 넉넉하다. 인류가 불행한 근본 이유는 인의가 부족하고 자비가 부족하고 사랑이 부족하기 때문이다. 이 마음만 발달되면 현재의 물질력으로 모두가 편안히 살아갈 수 있을 것이다. 인류의 이 정신을 배양하는 것은 오직 문화이다." 문화는 자연을 이루는 생명의 근원에 대한 경외와 헌신으로부터 시작된다. 시장이 문화의 파생물이듯 시장성을 가진 기술도 결국은 사회 문화의 산물이다. 근본적으로 잘못 들어선 길이었다면 처음부터 다시 시작해야 할 것이다. 자주 걷는다고 길이 되는 것은 아니다. 교양 있는 민주시민을 배출하기 위한 교육 원래의 목표는 문화와 기능을 요구하는 상업적 영역 사이의 조화로운 생태계를 유지하는데 필요한 핵심적인 수단이다.

2

교육정책

교육은 백년지대계라 일컫는다. 그 동안 우리의 교육정책은 시장의 힘에 대한 맹신으로 점철되어 왔다. 시장에서는 인센티브와 제재가 중요하다. 성과를 내면 보상을 받고 그렇지 못하면 처벌을 받는다. 이러한 민간부분의 작동원리를 교육에도 그대로 적용시켜왔다. 대학에서도 성과연봉제란 제도를 도입하여 무한경쟁 체제를 갖추게 되었다. 언제까지 교육을 시장의 원리에 맡겨야 할 것인가?

지난 수 십 년간 우리나라의 교육정책은 경쟁력 있는 기술 습득을 최고의 가치로 여겨왔다. 이것은 교육이론가들의 표현에 따르면 마차를 말 앞에 배치한 것처럼 본말이 전도된 것이다. 시장에서 자신의 노동력을 팔 수 있는 기술을 배우는 것에 지고의 가치를 두는 것은 21세기의 교육이념으로는 적당치 않다. 이런 교육은 건전한 민주사회의 구성원으로서 책임의식을 가진 균형 잡힌 인간이 아니라 스스로를 시장에 내다 파는 상품으로 치부하는 인간을 길러낼 것이다.

교육을 통해 사회적 신뢰와 공감 능력을 기

르고 타인과 유대를 갖게 하고 문화가 문명 생활을 유지하는데 얼마나 중요한 것인가를 학생들에게 일깨워줘야 한다. 시장에 팔 수 있는 기술도 중요하지만 그것은 어디까지나 수단에 그쳐야지 일반적인 시민교육을 희생시키면서까지 그 자리를 차지해서는 안 될 것이다. 극단적 경쟁사회는 누군가에게는 유토피아가 펼쳐지겠지만 다른 패배자들에게는 악몽의 연속일 수 있다. 〈리프킨〉의 말처럼 어느 날 아침, 잠에서 깨어나 보니 〈나〉라는 인간의 모든 국면이 돈으로 얽혀 있고 나의 생활 자체가 결국 돈을 주고 산 경험으로만 채워져 있다고 상상해 보자. 자본주의는 진화하여 삶의 모든 면을 상업 관계망 속으로 강제 편입시켰다. 토지, 노동, 생산, 사회활동뿐만 아니라 교육까지도 시장으로 흡수되어 상품화되었다.

이제는 '국가처럼 사고'하는데 익숙해진 정치인과 관료들의 교육정책에 대한 혁명적인 인식 전환이 필요할 때이다. 우리가 어떤 목적을 이루기 위해 투쟁하다 보면 원래의 목적은 잊어버리고 싸움 기술만 늘어가는 수가 있다. 목적과 수단이 전도되어서는 안 된다.

3

지역혁신과 대학

대학은 전문적인 교육과 연구를 함께 수행하는 기관이다. 국가나 제도에 따라 다르나 일반적으로 대학의 모든 과정을 수료한 경우 학위나 수료증을 수여하여 사회로부터 인정받을 수 있도록 한다. 대학은 중국 주나라의 〈국학〉이나 〈플라톤〉의 아카데미아(B.C. 387년)를 기원으로 삼기도 하나 지금과 비슷한 형태의 대학은 중세에 시작되었다. 중세 중기의 십자군 원정을 통해 유럽이 아랍 문화와 접하게 되자 그 곳에 전수되었던 철학과 의학, 법학 지식들이 유럽으로 다시 전래되었다. 또한 아랍인들이 발전시킨 지식들까지 대량으로 접하게 되면서 지식인들의 지적 탐구심이 높아졌고 자연스럽게 새로운 지식을 가르치고 배우려는 학생과 교사 집단이 나타나게 되었다. 학생과 교사 집단은 스스로 조합을 결성하게 되는데 이 조합의 결성으로 대학이 시작된 것이다.

우리나라의 본격적인 대학 역사는 해방 이후부터라 할 수 있다. 교육대, 산업대, 기술대 등을 제외한 일반대학교는 1965년 70개교에서 2008년 174개교가 됐다. 국공립대학교는 1965년 14개교에서 2006년 25개교로 늘었고 사립대학교는 1965년 56개교에서 2006년 150개교로 증가하여 전체 대학교의 85.7%를 차지하고 있다.

요즘 대학은 여러 면에서 위기이다. 비싼 등록금 문제, 부실한 교육, 입학생 미달로 인한 편법적인 운영, 대학을 졸업하고도 제때에, 적소에 취업을 하지 못하는 등 여러 면에서 심각한 사회문제가 되고 있다. 이제는 대학의 본질은 무엇인가에 대해 고민해봐야 할 시점이다. 만약 대학이 지식의 생산자이자 창고라면 대학의 주된 역할은 과학적 지식의 생산자이어야 하며 이것은 지식의 사회로의 일방향 통행을 이른다. 대학의 주된 역할은 지식의 교환이며 이것은 대학과 사회의 쌍방향 대화라 할 수 있다. 기업적 대학이라면 대학은 활발한 상업적 역할을 추구해야 할 것이다. 시스템적 대학이라면 대학은 여러 다양한 경계를 넘나드는 역할을 해야 할 것이며 여기에는 대학과 산업체 그리고 국가 사이의 상호작용이 필요하다.

최근 들어 대학의 역할에 대해 일반적으로 받아들여지고 있는 관점은 새로운 지식과 인적자원의 창출을 통한 혁신의 잠재적 원천과 지역 및 국가 차원의 경제발전에 필요한 자원의 확보이다. 고등교육의 팽창에 따라 학자금 압박이 심해지고 그에 따라 지식재산에 대한 초점이 경제영역으로 이동되었다. 이러한 경향에 따라 대학의 연구에 지원되는 공공기금도 '경제에 직접적으로 기여하는가'에 따라 지원이 차등화되고 있다. 보다 최근에는 대학이 지역혁신을 이끄는가, 또는 문화와 지역사회 발전에 폭넓게 기여하는가에 관심이 쏠리고 있다. 분명히, 대학은 경제적 임팩트를 갖는 다양한 활동을 수행하는 복잡한 기구이다. 대학은 구성원을 채용하는 고용주이자 구매자이기도 하다. 여기에는 지식창출, 인적자원 배출, 기존지식의 전수, 연구-주도형 기술혁신 등이 포함된다. 따라서 대학은 오랫동안 경제성장의 필수요소로 인식되어 왔으며 지금은 그것에 더해 부가적인 역할이 더욱 증대되고 있다. 이러한 관점은 정책결정에도 반영된다. 즉, 루트 128과 실리콘 밸리 등에서 볼 수 있듯이 선진국들은 대학 기업을 장려하는 정책을 펴고 있으며 이를 통해 대학의 연구로부터 상품재산의 창출을 독려하고 있다. 영국에서는 1999년부터 제3물결이라는 기금을 통해 대학이 경제, 산업과 공공 서비스업과의 상호작용을 촉진시키기 위한 목적으로 운용하고 있다. 이 기금은 상업적 이익 추구뿐만 아니라 지역경제와 문화 활동 등에 대해 성과기반 방식으로 지원하고 있다. 이런 지역적 역할은 대학과 지역 경제의 동반 관계 증가에 의해서도 관찰된다.

대학의 역할은 국가적으로나 지역적으로 막중하다. 대학은 국가 및 지역혁신의 주체이다. 따라서 정부는 대학의 존재 목적, 운영주체 및 구성원의 질적 수준과 운영방식 등을 철저히 조사하여 지원을 차등화해야 할 것이다. 단지 지역의 입학자원이 부족하다고 지역소재 대학을 구조조정 한다거나 입학정원을 줄이는 행위는 옳지 못하다. 지역에 소재하는 많은 대학들은 소수의 경우를 제외하고는 오랜 역사와 전통을 자랑하고 있다. 오히려 1990년대 이후 수도권에 우후죽순처럼 설립된 수많은 사립대학들의 현실을 철저히 소시하여 그에 상응하는 조치가 필요한 시점이다. 종합대학과 전문대학의 구별도 중요한 문제이다. 전문대학에 있어야 할 학과들이 4년제 종합대학에 자리 잡고 있는 경우가 허다하다. 정책 실패를 지역소재 대학을 희생시키면서 만회해서는 안 된다. 이런 부분들을 포함한 과감한 구조조정 후 대학에 대한 재정지원을 확대해야 하며 여기에는 지방정부도 적극 나서야 한다. 지방을 살리는 유일한 길은 훌륭한 지역대학을 유지하는 일이기 때문이다.

4 지식창출은 지방에서

수도권이 포화상태에 이른지는 오래전 일이다. 그간 간헐적이나마 수도권의 집중을 완화시키고자 하는 노력이 있어 왔으나 최근 들어 다시 수도권으로의 집중이 심화되고 있다. 이미 지방은 고사 상태에 빠져 있다. 우리가 무의식중에 사용하는 지방이라는 용어는 서울을 제외한 지역을 나타내는 용어가 될 수 없다. 미국의 예를 들면 워싱턴 DC를 제외하고는 모두 지방인가? 그렇지 않다. 그런 면에서 서울 역시 우리나라 중부 지역의 한곳에 지나지 않는다. 몇 십년간에 걸친 수도권 집중 현상 때문에 어느 기업이라도 수도권에 회사를, 공장을 두고자 할 것이다. 이는 정보, 물류, 행정적 절차 등 모든 면에서 당연한 귀결이라 생각된다. 예를 들어 삼성전자 같은 기업을 특정 지역으로 이전해 달라 하는 것은 지금의 현실로 볼 때 기업을 운영하지 말라 하는 정도의 어려움이 있을 것이다.

지난 몇 년간 국가균형발전에 대한 논의가 큰 의제로 등장하였다. 이러한 배경에는 수도권 일극주의에 근거한 국가발전 전략이 국민통합과 지속가능한 성장에 장애로 작용하고 있다는 점을 인식한 결과일 것이다. 이를 극복하기 위해 지역혁신체제가 제시되었으며, 이를 어떻게 구축할 것인가는 지역발전뿐만 아니라 국가발전에도 매우 중요한 문제이다. 지역혁신체제를 제대로 구축하기 위해서는 인적자원의 양성이 선결과제이며 인력양성의 주체로서 지역대학의 역할이 지대하다고 여겨진다. 즉, 각 지역의 대학을 중심으로 학연산 네트워크를 구축하는 것이 지역혁신체제의 성공적인 정착과 지식산업 창출에 중요한 요소이다.

지역 소외문제를 해결하기 위해서는 정치, 사회적인 관점에서 혁명적인 발상의 전환이 필요하다. 유교의식이 강한 우리민족은 교육에 강한 애착을 지녀왔다. 옛날부터 사람은 서울로 보내야한다고 하지 않았는가. 그러고 보면 우리나라의 수도권 집중 문제는 산업화 때문만이 아니라 우리의 의식구조에 의해서도 생긴 것으로 몇 백 년의 역사를 갖고 있다고 할 수 있다. 따라서 교육 문제를 해결하지 않고는 지방소외 문제를 해결할 수 없다. 교육 문제 역시 정치적인 결단 없이는 해결하기 어려운 문제이다. 그러나 지역대학에 대한 과감한 투자와 수도권에 집중되어 있는 연구기관들을 지방으로 이전함으로써 지식창출의 근거지로서 지방의 역할을 기대할 수 있을 것이다. 당분간은 산업체가 수도권에 집중될 수밖에 없지만 새로운 성장 동력, 즉 지식산업은 지방에서 꽃피울 수 있다. 이 일은 수도권을 제외한 모든 지역의 문제이므로 치밀하게 준비하면 통일된 여론을 모을 수 있고, 중앙정부를 설득할 수 있는 충분한 논리적 타당성을 갖고 있다.

지난 1997년 경제위기 때 희망의 물꼬를 튼 것이 벤처기업이다. 물론 국내 벤처기업 중 70% 이상이 수도권에 자리 잡고 있다. 수도권을 제외한 지역에서는 국책연구소가 집중되어 있는 대덕조차도 5.6%의 지적 재산권 출원율에 그치고 있다. 대덕연구단지는 국가과학기술 능력을 극대화하고 국토의 균형발전을 꾀하기 위해 건설되었으며, 2004년 현재 76개 기관과 171개의 벤처기업이 입주해 활동하고 있다. 대덕연구단지는 그 동안 국내외에 약 8만여 건의 연구실적을 발표하였으며, 약 5천억 원의 기술이전료 수입을 올렸다. 이제 이러한 지식 창출활동을 대덕뿐만이 아니라 수도권을 제외한 전 지역에서 담당하게 해야 한다. 미국의 실리콘 밸리, 영국의 서레이 연구단지, 일본의 쯔꾸바 연구도시 등의 예에서 볼 수 있듯이 성장 동력 확보를 위해 세계의 여러 나라들은 각 지역에 연구단지를 조성하였다. 우리나라 고등교육 예산은 2005년 기준으로 3조 5천억 원에 지나지 않는데 이는 GDP의 약 0.4%로 OECD 평균인 1%의 절반에도 미치지 못한다. GDP 대비 1% 정도로 고등교육 예산을 증액한다면 현재 3조 5천억 원 규모에서 9조원대로 증가하게 된다. 열악한 경제 환경에 처해 있는 미국의 오바마 정부는 과감한 교육 투자를 진행하고 있다. 어려운 때일수록 교육에 투자해야 한다. 지방소외를 극복하고 어려운 경제여건을 극복하는 지름길은 지역대학에 대한 과감한 지원과 지역으로의 연구소 이전을 통해 각 지역에서 지식산업을 창출하는 것이다.

5 노벨상에 대한 단상

해마다 10월이면 노벨상 관련 소식으로 뉴스가 장식되곤 한다. 과학 관련 노벨상 수상은 그 나라의 과학기술 수준을 나타내주는 지표이기도 하다. 그러기에 우리나라에서도 과학기술부 주관으로 노벨상 수상에 근접했다고 여겨지는 과학자들을 선발하여 대규모의 연구비를 지원하는 프로젝트를 가동시킨 적도 있다. 몇 년 전 노벨생리의학상은 인간의 유전정보가 들어있는 염색체 말단을 보호하는 말단소립을 발견한 세 명의 미국인 유전학자들에게 돌아갔다.

염색체란 우리 몸속에 들어있는 유전정보의 집합체이다. 우리가 부모를 닮는 이유는 부모로부터 염색체를 물려받기 때문이다. 말단소립이란 이러한 염색체에 붙어있는 조그마한 구조물로 생체 내 시계장치라 할 수 있다. 쉽게 표현하면, 말단소립이란 우리가 신는 운동화 끈의 끝 부위를 단단하게 조여 주는 플라스틱 조각 같은 장치라 할 수 있다. 운동화 끈이 보풀거리지 않게 잡아주는 이 부위가 다 닳아 없어진다면 운동화 끈은 풀어져 보풀거릴 것이다. 생물체의 염색체는 세포가 분열할 때마다 그 끝에 존재하는 말단소립이 일정부분씩 소실된다. 궁극적으로 말단소립이 모두 소실되면 세포는 더 이상 분열할 수 없고 결국 그 생물체는 죽게 된다. 이런 이유에서 인간을 포함한 모든 생물은 아무리 편안한 조건에서 스트레스 없이 살더라도 생명이 유한한 것이다. 그런 면에서 진시황이 찾았다는 불로초가 이 말단소립이라 할 수 있다.

우리 몸에서 일생동안 세포분열이 계속 일어나는 부위, 즉 골수나 정자를 생성하는 생식세포에서는 세포가 분열을 계속해도 말단소립이 소실되지 않는다. 이것이 우리 몸이 계속해서 혈액을 만들고 죽을 때까지 정자를 계속 생산하는 이유이다. 어떤 조직이나 기관을 구성하는 세포들은 일정 상태까지 자라면 더 이상의 성장이 자동적으로 멈추게 된다. 암이란 이렇게 자동적으로 작동하는 브레이크가 없는 세포들이 무한 생장하는 것이다. 암세포의 경우 세포분열이 계속되어도 원래의 크기가 줄어들지 않는 말단소립을 유지한다. 세포분열이 지속돼도 말단소립이 짧아지지 않으려면 세포분열 시마다 짧아지는 말단소립을 계속해서 보충해주어야 할 것이다. 이렇게 세포분열이 진행됨에 따라 짧아진 말단소립을 계속해서 보충해주는 효소를 말단소립중합효소라 한다. 세포가 말단소립중합효소를 갖고 있으면 말단소립은 계속해서 일정한 길이를 유지할 수 있다. 사람의 경우, 말단소립중합효소는 정자 생성세포와 혈액세포에 다량 존재하며, 암세포의 경우 질병이 진행될수록 말단소립중합효소의 양이 증가한다. 따라서 암을 치료하는 약물을 개발하는데 이 말단소립중합효소를 불활성화시키는 논리가 적용되고 있다. 초파리 유전자에 이 말단소립중합효소를 유전재조합 방법으로 도입한 결과 야생형 초파리보다 수명이 약 3배 증가되었다는 사실로부터도 말단소립중합효소가 세포의 수명에 중요한 작용을 한다는 것을 알 수 있다. 그러면 식물은 왜 그렇게 오래 사는가? 당연히 식물은 이 말단소립중합효소를 다량 가지고 있다.

앞에 언급한 노벨 생리의학상을 수상한 사람들은 이와 같은 사실들을 발견하여 암의 치료 가능성을 열었고, 나아가 사람이 어떻게 늙어 가는지를 밝힐 수 있는 단서를 제공한 공로로 수상하였다. 이들은 미국 샌프란시스코 대학(UCSF)의 생물학과 교수인 〈앨리자배스 블랙번〉, 존스 홉킨스 의과대학의 유전학과 교수인 〈캐롤 그라이더〉와 매사추세츠 종합병원의 유전학과 교수인 〈잭 소스택〉 등이다. 이들은 우리 몸에 존재하는 염색체가 어떻게 작용하는지 또 어떻게 복제되는지에 대한 아주 단순한 주제를 가지고 일생을 바쳐온 사람들이다. 지금 당장 돈이 되는 주제가 아닌 단순히 흥미로운 주제였을 뿐이지만 30년 가까운 연구 결과는 위에서 언급한 바와 같이 엄청난 경제적, 사회적 파급효과를 가져오고 있다는 사실에서 교훈을 얻어야 한다.

신성장 동력을 찾는 기업이 지금 당장 상품이 나오는 것에만 고정되어서는 안 될 것이다. 정부와 기업, 유관기관이 기초과학에 꾸준히 투자하고 과학자들이 한 우물만 판다면 그 결과는 머지않아 엄청난 부가가치로 되돌아 올 것이다. 이러한 예는 이웃 일본에서 쉽게 볼 수 있다. 원천기술이란 기초과학의 발달에서 나오는 것이다. 원천기술 없는 개발이란 사상누각에 지나지 않는다. 특히 요즘 같은 경제 침체기에 교육관련 예산과 기초과학 지원 예산이 대폭 삭감되는 모습을 보면서 더욱 안타까운 마음이다. 교육에 대한 투자는 지금 당장의 결실도 있지만 길게 보면 후손들의 삶을 풍요롭게 만드는 일이기도 하다.

6

문·이과 교과과정의 통합

학교는 교과과정을 통하여 인적 · 사회적 자원을 창출하는 곳이다. 교육은 인적 자원을 개발하는 중요한 열쇠로 경제뿐 아니라 사회적 · 문화적 삶에도 지대한 영향을 끼친다. 학생들이 역사, 철학, 경제의 작동방식에 대해 무관심하다면 우리 사회는 건전하게 유지될 수 없을 것이다. 또한 학생들에게 과학, 기술, 문학과 예술을 가르치지 않으면 우리 사회는 물질적 · 정신적으로 빈곤해질 수밖에 없을 것이다. 진정한 민주 시민은 모든 학문 분야에서 깊은 지식과 행동방식의 정수를 가르칠 때 배출될 것이다.

'교과과정', 즉 무엇을 가르쳐야 하는가는 교육 전문가들의 적절한 논의과정과 일선학교와 교육청 또는 자치단체 차원에서 함께 결정해야 할 문제이다. 학생들은 사회의 문화적 성취에 대한 이해를 바탕으로 문화의 발전에 기여해야하며 우리 사회의 민주적 유산을 이해하고 강화시킬 수 있어야 한다. 학생들이 포괄적인 교양을 쌓지 못하면 민주사회에서 책임 있는 시민으로 자랄 수 없다. 게다가 지식을 쌓고 식견을 갖춘 토론을 할 수 있어야 하며 이성에 기초한 의사결정을 내릴 능력도 갖추어야 한다.

위의 주장은 미국 부시 행정부에서 교육차관보를 역임하면서 학업성취도 검사를 주관하는 〈국가 학업 성취도검사 운영위원회〉의 위원으로 활동한 〈다이앤 래비치Diane Ravitch〉가 그의 저서 〈미국의 공교육 개혁, 그 빛과 그림자〉에서 지적한 것이다. 〈래비치〉의 주장에 우리나라의 교육과정을 대비시켜보면 우리 학생들에게 정치적 이슈, 과학적 현상, 역사적 사건 및 문학적 해석 등 우리가 사는 세계를 아는데 필요한 지식과 이해가 부족할 수밖에 없다는 것을 쉽게 알 수 있을 것이다. 현재처럼 국 · 영 · 수 등의 과목에만 치중한다면 우리 학생들이 열어갈 미래의 모습은 암울할 것이다.

우리는 학생들에게 모든 학습의 토대가 되는 연산능력을 함양시켜야 하며 스스로 생각하고 건전한 인성을 함양하고 자신의 일과 삶에 대해서도 합리적인 결정을 내릴 수 있도록 교육시켜야 한다. 문학이 어떻게 우리의 삶에 연관되어 있는지를 이해시켜야 하며 타인과의 관계에서도 친절과 연민의 정을 느끼고 정의감과 공명정대함을 갖추도록 지도해야 한다. 사회와 국가가 당면한 과제를 이해하여 적극적이고 책임감 있는 시민으로 성장하고 특정 사안에 대해 신중하게 사고하며 자신과 다른 견해를 경청하고 합리적인 결정을 내릴 수 있도록 지도해야 한다.

미국 공교육의 명암에 대한 〈래비치〉의 반성적 견해는 우리나라의 현실에도 그대로 적용될 듯싶다. 우리는 학생들에게 교과교육을 통해서 현대 사회의 문제점을 이해하고 해결책을 찾도록 교육하고 우리나라와 세계 여러 사회의 풍부한 문화예술 유산을 향유하도록 교육해야 한다.

최근 정부는 문·이과 통합 교과과정을 도입한다고 밝힌 바 있다. 인간의 대뇌는 좌우 반구로 구성되어 있다. 사람의 창의적 능력은 좌반구와 우반구 사이의 정보교환과 관련이 있다. 즉 대뇌반구는 뇌량이라는 구조물을 통해 좌우 양쪽에서 받는 각각의 정보를 교환하고 통합하기 때문에 수학을 잘하는 사람의 뇌와 언어적 구사능력이 뛰어난 사람의 뇌에 차이가 있다는 식의 설명은 옳지 않다. 뇌과학 측면에서도 문·이과 구별에 의한 학습방법은 비과학적이다.

'인문학적 상상력과 과학기술 창조력을 갖춘 인재 양성'을 목표로 하는 교육부의 방침은 환영할 일이다. 다만 수학과 과학의 비중이 과거보다 축소됐다는 점은 우려할 만하다. 이미 7차 교육과정 개정 이후 수학과 과학 교육이 축소돼왔는데 수학과 과학 과목의 시수감축은 현 정부의 국정과제인 '창조경제'에도 걸림돌이 될 것이다.

우리는 학교교육을 통해 스트레스에 직면했을 때 유연하게 대처하는 능력과 용기, 집중도, 타인에 대한 배려, 공공의 선을 증진시키려는 헌신적인 마음을 함양해야 한다. 이런 면에서 문·이과 통합시도는 매우 적절하며 사회적 합의도 어렵지 않을 것이다. 다만 전 세계적으로 과학교육이 강화되는 상황에서 이번 교육과정 개편안은 과학교육을 축소해 과학적 소양을 갖춘 인재양성에 역행하고 있다.

현대 사회에서 과학은 절대적인 지위를 차지하고 있다. 과학교육은 경제활동 활성화와 성장 같은 경제적 목적 외에 논리적 사고 능력 배양을 통해 인간의 품위를 높일 수 있는 본연의 역할을 갖고 있다. 이런 면에서 "학생들의 부담을 덜어준다는 차원에서 수학과 과학의 수준과 교육 범위를 축소하겠다"는 방식은 지양되어야 하며 과학계의 폭넓은 의견수렴이 필요한 부분이다. 한 가지 더 중요한 것은 〈통합 사회〉와 〈통합 과학〉의 교과목은 개별과목의 단순한 통합이 아닌 내용 자체를 유기적으로 통합하는 '화학적 융합'을 추구해야 할 것이다.

각 급 학교는 상급학교에 진학하기 위해 또는 취직에 필요해서 존재하는 것만은 아니다. 학교는 학습을 통한 심신 연마와 집단생활을 통해 사회 구성원으로서의 덕목을 갖추는 공간이자 세상의 일에 대해 스스로 판단하고 결정을 내릴 수 있는 보편적인 시야를 다듬는 곳이기도 하다. 물론 모든 교육이 학교에서 이루어지는 것은 아니다. 부모는 움직이는 시청각 교재이다. 가정에서의 교육이 청소년들의 정신적 성장에 절대적이라는 것은 분명한 사실이다. 학교에서는 학습과 집단생활을 통해 건전한 민주시민으로 사회에 진출할 준비를 하는 곳이다. 이런데도 불구하고 학교가 모든 것을 해결해주어야 한다는 안이한 생각을 가진 부모들이 많다.

세상은 엄청 변하였다. 일반적인 교양서적뿐만 아니라 학교에서 조차도 전자책이 사용되는 시절이 되었다. 대학의 강의실에서 학생들이 노트북을 켜놓고, 스마트폰으로 녹음을 하며 수업을 받는 모습은 이제 어색한 모습이 아니다. 그러나 문명 이기의 출현으로 세상이 많이 변한 것 같지만 본질적으로 변한 것은 전혀 없다. 예나 지금이나 이 땅에 생존하기 위하여 끊임없이 노력하여야 하며 신분상승을 위해 발버둥치고 있다. 지금의 중·고등학생들이 학업에 찌들어 있다고 하지만 예전과 무슨 차이가 있는가? 오히려 학생들이 좋아진 환경에 나약해지고 소수의 자녀를 둔 부모들이 아이들보다 더 나약해진 것은 아닐까? 예전에는 부모들이 학교와 선생님들을 신뢰했기 때문에 학생들이 큰 소용돌이 없이 학교생활을 이어 갈 수 있었다. 잘못된 신념은 소란과 고통을 가져올 수 있다. 〈토마스 제퍼슨〉은 "아무 생각이 없는 것이 잘못된 판단보다 훨씬 낫다"고 했다.

인류 역사가 이어져 오면서 수많은 선조들이 쌓아올려 지금까지 전래, 전승되어온 것이 고전이고 전통이다. 현대 과학기술의 발달에 따라 생겨난 수많은 문명의 이기들이 우리의 생활을 편하게 해 줄 수는 있으나 본질적으로 마음에 여유를 주는 것은 아니다. 사전을 찾아가면서, 도서관으로 발품을 팔아가면서, 토론을 통해서 획득하는 지식과 논리적 사고의 함양, 이것은 고래로부터 변치 않는 청소년들이 갖추어야 할 생활의 고전이다. 한시도 스마트폰을 손에서 떼어놓지 못하고 책상에 앉으면 언제나 컴퓨터 모니터에 자신의 얼굴을 비추는 세대, SNS를 통해 시시콜콜한 사생활까지 공유하려는 세대들은 그 많은 시간을 어떻게 조달할 것인가? 모든 성취는 자신의 땀을 통해서만 가능하다.

짧은 인생에서 우리가 향유할 수 있는 시간은 대개 엇비슷할 것이다. 생존을 위해 끊임없이 발버둥치는 사이사이 우리는 잠깐 동안의 휴식을 통해 다시금 에너지를 얻곤 한다. 결론부터 말하면 누구나 휴식을 취하고 노는 시간은 똑같을 것이다. 많은 면에서 준비가 덜된 젊은 시절에 놀 것인가, 열심히 공부하고 심신을 연마한 다음 적절한 시절에 여유를 가지고 놀 것인가? 이것은 선택의 문제가 아니다.

혼자 있는 시간을 즐기고 활용할 줄 알아야 한다. 소외를 극복하기 위해 늘 뭉쳐 다니다 보면 나만의 능력과 인품을 확립할 수 없다. 그날 하루하루가 아니라 졸업 후 5년, 10년 그리고 20년 후의 나의 모습을 그려가면서 생활하는 것이 중요하다. 시간을 활용하는 것과 시간을 죽이는 것은 인생이라는 여행길에서 잘 준비된 자와 그냥 맨몸으로 떠나는 자와 같은 것이다.

8

흡연

허파에 손상을 주는 공기 오염물질 중 가장 심각한 것이 담배 연기이다. 담배 연기는 주로 미세 탄소입자이며 많은 독성 화학물질이 탄소입자에 결합되어 있다. 담배 연기를 한 모금 마실 때 신체는 4,000가지 이상의 화학물질에 노출된다.

미국의 자료를 참고하면 미국 내에서 매일 3,000명 정도의 10대들이 습관적 흡연자 대열에 합류하는데 대부분은 15살 미만이다. 청소년들이 처음 불을 붙일 때 담배 연기 때문에 기침을 할 것이고 숨이 막힐 것이며 어지럽고 구역질이 나고 머리가 아플 것이다. 청소년들은 왜 신체를 위협하는 신호를 무시하고 그렇게 열성적으로 흡연자가 되려는 것일까? 주된 이유는 또래 집단에서 어울리는 것이고 그들 입장에서는 용기의 상징이 되기도 할 것이다. 그러나 실상은 멋지지도 않고 아름답지도 않다. 많은 청소년들이 사회적 이익에 대한 잘못된 인식으로 건강을 위협하는 경고를 무시하고 있다.

청소년들의 인식과 달리 흡연은 우리 신체에 즉각적으로 위협을 가한다. 섬모를 가진 세포는 기도를 지나 폐에 이르는 많은 병원균과 오염물질을 걸러낸다. 이들 세포는 담배 한 대의 연기에 의해 거의 한 시간 동안 고정되어 고유한 기능을 발휘할 수 없게 된다. 점액을 제거하는 섬모가 없어지거나 기능을 발휘하지 못하면 기침만으로 공기 통로의 입자들을 제거하게 된다. 대부분의 심한 흡연자들에게서 흔히 볼 수 있는 잦은 기침은 더 이상 섬모가 이동시키지 못하는 점액을 기관계가 정화하는 방법이다. 또한 흡연은 과도한 점액의 생성을 유도하는데 이는 미생물의 증식에 매우 유리한 환경이다.

담배 연기는 호흡조직을 순찰하고 방어하는 백혈구를 죽인다. 병원균은 방어가 이루어지지 않는 기도에서 증식한다. 그 결과 감기와 천식 그리고 기관지염에 잘 걸린다. 흡연은 또한 폐기종을 일으키는 원인으로 호흡을 하는 것만으로도 더 많은 에너지를 소모하게 되어 무호흡 상태와 지속적인 피로가 나타난다.

고도의 중독성 니코틴은 혈관을 수축하여 혈압을 증가시킨다. 심장은 좁아진 혈관을 통해 혈액을 펌프하기 위해 더 강력하게 작동해야 한다. 니코틴은 혈액에서 〈나쁜〉콜레스테롤(LDL) 농도를 상승시키며 〈좋은〉종류(HDL)는 감소시킨다. 그 결과 혈액은 끈적거리게 되어 응괴형성 및 혈관 봉쇄가 일어나기 쉽다

담배 연기는 40 가지 이상의 발암 물질을 가지고 있으며 폐암의 80%가 흡연자에게서 발생한다. 여성 흡연자는 남성 흡연자보다 암에 걸릴 가능성이 더 높다. 평균적으로 여성의 경우 암 발생이 빠르고 담배에 대한 노출이 적어도 암 발생 가능성이 높다. 폐암으

로 판정된 여성 중 5년 이상 생존하는 경우는 15% 미만이다. 10대에 흡연을 시작한 여성의 경우 평생 동안 흡연을 하지 않은 여성들보다 약 70% 정도 유방암 발병 위험성이 증가된다. 이런 까닭에 여성의 흡연 증가 경향은 특히 문제가 되고 있다.

담배는 흡연자만을 아프게 하거나 죽이지 않는다. 비흡연자도 2차 흡연에 의해 유발된 암이나 질병으로 사망한다. 집에서 피우는 담배 연기에 노출된 어린이들은 만성 중이염, 천식과 다른 호흡기 문제가 생기기 쉽다. 임신 중의 흡연은 유산 또는 저체중아 출산 위험성을 증가시킨다. 미국 암 학회의 자료에 따르면 평균적으로 성인 흡연자는 비흡연자보다 13~14년 정도 조기 사망한다. 청소년들은 특히 민감하여 천식, 기관지염, 폐렴 등에 걸릴 위험성이 높다. 금연한지 15년이 지나야 비로소 폐암과 심장병에 걸릴 위험성이 비흡연자와 비슷해진다.

흡연을 시작하는 것은 끊는 것에 비해 훨씬 쉽다. 조사에 의하면 16~24세의 여성 흡연자의 2/3는 담배를 완전히 끊기를 원하나 그들 중 약 3%만이 비흡연자가 된다고 한다. 의사이자 세계보건기구의 전 소장인 〈브른트랜드〉는 '담배는 습관성 흡연자의 절반을 죽이는 유일한 합법적인 소비 상품'이라고 지적하였다.

특정 집단의 개체들은 공유 형질의 세목에서 생존과 생식에서의 차별적 성공에 의존하는 경향이 있다. 〈다윈〉은 자연선택이라 부르는 이 과정이 진화를 이끄는 힘이라고 하였다. 특정 개체가 어떠한 환경에 더 잘 적응하는 형질을 가지고 있다면 그 개체는 자원에 대해 더 잘 경쟁할 것이다. 개체가 자원에 대해 경쟁력이 있다면 그 개체는 자손을 산출할 수 있을 정도로 충분한 생존 기회를 갖는다. 어떤 개체가 유전되는 적응형질을 가지고 있다면 그렇지 못한 개체보다 더 많은 자손을 산출할 것이며 그 형질의 비율은 집단 내에서 세대를 통하여 증가될 것이다.

〈다윈〉은 〈진화〉라는 용어 대신 '변이를 수반한 유전'이라는 표현을 사용했다. 그 당시에 〈진화〉란 용어는 전성설에서 배의 발생과정을 설명하는 용어로 이미 사용되고 있었다. 1859년에 후성설에 밀려 폐기된 〈진화〉라는 용어를 비로소 다른 목적에 사용할 수 있게 되었다. 이때의 〈진화〉라는 용어는 '어떤 일련의 사건들이 질서정연하게 연속적인 과정에서 나타나는 현상'이라는 의미와 함께 점

9

다윈이후

진적 발달의 개념을 포함하고 있었다. 따라서 당시 〈진화〉라는 용어는 진보의 개념과 혼용되고 있었다. 〈다윈〉은 〈진화〉와 진보의 개념을 등식화하려는 일반적인 견해를 거부하였다. 그 예로 〈다윈〉은 생물의 구조를 '고등'하거나 '하등'하다고 표현하지 않았다.

'다윈 이후'는 〈스티븐 제이 굴드〉가 '자연사' 잡지에 기고하였던 칼럼을 편집해 1977년에 출간한 책이다. 여기에 실린 에세이들은 간결하면서 아이디어도 명료하다. 〈다윈〉의 생애나 그 당시의 시대상황에 대한 많은 저술이 존재함에도 불구하고 '다윈 이후'는 매우 큰 반향을 불러 일으켰고 30여년이 지난 지금도 그때의 통찰이 유효하다. 〈굴드〉는 〈다윈〉, 자연과 인간의 진화, 생명의 역사, 지구에 관한 여러 학설, 사회에서 과학의 역할과 인간의 본성 등에 대해 폭넓게 기술하였다.

먼저 재미있는 소재부터 제공하고 있다. 비글호에 승선한 정식 박물학자는 누구인가? 많은 사람들이 〈다윈〉이라고 생각하나 실제로 비글호의 박물학자 임무로 승선한 사람은 〈로버트 매코믹〉이었다. 비글호는 5년간의 긴 항해 계획을 가지고 출항하였고 〈다윈〉은 함장의 동반자 자격으로 승선하였다. 여기서 동반자란 장기간의 항해에서 인간적인 접촉이 없을 때 함장들이 겪는 심리적인 희생을 방지하기 위한 의미의 동료라 할 수 있다.

〈다윈〉은 자신의 이론이 완벽하지 못하다는 이유로 20년이나 발표를 미루었다. 〈다윈〉은 자신의 이론을 완벽하게 뒷받침할 수 있는 자료를 모으고 난 뒤에 발표하기로 결심했고 또 그렇게 준비를 하면서 많은 시간이 흘렀다.

〈다윈〉은 진화에 대해 유물론적 생각을 가지고 있었다. 종간 변이를 기록한 노트에 〈다윈〉은 다음과 같이 적었다. "아, 너 유물론자여, 신에 대한 사랑은 생물조직에서 비롯되나니... 두뇌의 분비물인 사상이 물질의 성질인 중력보다 더 경이로워야 할 이유는 무엇이란 말인가?" 이러한 신념 때문에 자신의 저서인 '종의 기원'에서조차 이것을 정면으로 다루지 않고 "인류의 기원과 역사에 관해서는 머지않아 서광이 비칠 것"이라고 눅시적으로 기록하였다. 그러나 이러한 이유를 감안하더라도 그는 자신의 이론을 완벽하게 다듬어 발표하려고 많이 주저하였다.

진화론을 주장하고 지지한 많은 학자들은 자연계에 모두 적용되는 일반 원칙을 주장했지만 인간만은 늘 예외로 하였다. 진화적 변화를 유발하는 유일한 동인으로 〈자연선택〉을 주장하였던 점에서 〈다윈〉을 앞질렀던 〈월리스〉조차도 인간의 뇌만은 예외로 인정하였으며 그의 이러한 성향은 만년에 그를 관념론자로 만들었다. 인간은 기초로부터 시작해 고상한 정점에 이르는 진화의 사다리에서 미리 예정된 최종적인 걸작품이 아니라 단지 무수하게 가지치기를 해온 〈진화〉의 관목灌木에서 제대로 자라는 데 성공한 곁가지 하나에 불과하다.

〈굴드〉는 과학자들이 경험적인 증거에 제약이 있을 때 창의적인 통찰력을 적용하려는 경향에 대해 경고한다. 그는 또한 '과학은 조직화된 상식이 아니다'라는 명제를 제시하였다. 과학의 기능은 우리 인간이 직관이라고 부르는 인간중심적 편견에 대항하여 막강한 이론들을 적용함으로써 우리의 세계관을 재구성할 수 있다.

〈진화〉와 〈진보〉의 연계를 전제로 하는 사상이야말로 인간 중심적인 편견이다. 〈진화〉와 〈진보〉를 동일시하는 오류에 의해 〈다윈〉의 뜻과는 전혀 다르게 '사회적 다윈주의'를 악용하는 원인이 되었다. 즉 사람들은 '사회적 다윈주의'를 바탕으로 독단적으로 설정한 진화수준에 따라 인간과 문화집단에 등급을 부여한다.

인간은 자연에 대해 경외감을 가져야 한다. 변화는 일방향적이거나 무방향적이며 점진적인가 하면 돌발적이고 선택적인가 하면 중립적이다. 이러한 생각이 〈다윈〉으로부터 〈굴드〉에 이어지는 진화론의 핵심이다. 〈굴드〉는 확실성이라는 갈피를 잡기 어려운 괴물은 정치가와 목사들의 몫으로 남겨놓겠다고 했다.

10

모건과 초파리

과학 연구 분야에서 대학생을 특별한 존재로 부각시킨 사람이 〈토마스 헌트 모건〉이다. 〈모건〉은 대학생들의 흥미를 북돋아 실제 연구를 수행하게 하였으며 훗날 이들이 각 방면의 대가로 성장하는데 크게 기여하였다. 역사가인 〈퀼러〉는 "생물학과는 가난하지만 인적 자원은 매우 훌륭하다"라고 말한 바 있다. 초파리 연구에는 특히 대학생들이 중요한 역할을 담당하였다. 〈모건〉이 꾸렸던 대학생들을 위한 〈초파리 유전학 프로그램〉은 젊은이들에게 도전정신을 키워주었으며 초파리 연구의 절대적 규정을 정립하는데 기여하였다.

20세기 초반에 이루어진 〈모건〉 그룹의 노력 덕분에 생물학자들은 초파리에 대해 친숙해졌다. 초파리는 번식이 쉽고 어떤 조건에서든지 잘 적응한다. 또한 번식 기술의 습득과 돌연변이의 확인이 쉽다. 더욱이 모든 생물학자들의 자산이 된 모건연구소는 돌연변이에 대한 데이터베이스를 구축하여 과학자들에게 필요한 기술과 자료를 제공하고 있다. 이런 노력 결과 다른 모델 생물에 대한 데이터베이스의 확립 및 관련 연구자들과 자료를 공유하는 일이 일반화되었다.

〈모건〉은 켄터키의 프레즐링 대학을 졸업한 후 존스 홉킨스 대학원에 진학하였다. 대학원에서 바다거미의 발생에 대한 연구를 진행하면서 학과 교수인 〈뉴웰 마틴〉과 〈헨리 호웰〉의 영향을 받아 생물학 연구에 생리학적 접근이 중요하다는 것을 깨달았다. 〈모건〉은 1890년에 존스 홉킨스 대학에서 박사학위를 취득한 후 브린에어 칼리지의 생물학 교수로 그의 교수 경력을 시작하였다. 이때부터 그는 발생학에 대한 원인-분석적 접근을 시도하였으며, 〈한스 드리쉬〉와 함께 재생에 대해 공동연구를 진행하였다.

콜럼비아 대학 재직시절 그는 유전형질, 성 결정 및 발생과 관련된 여러 다양한 의문점들에 대한 연구를 지속하였다. 그는 그의 연구에 여러 다양한 방법과 생물을 사용하였다. 〈모건〉은 그 이전의 전통적인 생물학 영역에 실험 방법을 도입한 복합적 접근 방법을 개발하였다. 1910년에는 초파리가 매우 유용하다는 것을 깨닫고 이후 실험동물로 사용하였다. 〈모건〉은 특별한 재능이 있는 대학생들에게 매혹됐는데 이중에는 〈스터밴트〉, 〈브리지〉와 〈뮬러〉(1946년에 노벨상 수상) 등이 있다. 1910년부터 〈모건〉은 〈스터밴트〉, 〈브리지〉와 함께 〈초파리 방〉에서 초파리에 대한 연구를 시작하였다. 이들 학생들은 결국 유전학의 큰 법칙들을 발견하였다. 〈모건〉은 그들의 연구가 지속되는 동안 그의 학생들과 벤치에서 같이 연구하였다. 연구자들이 특정 분야에서 예기치 않은 발견을 하기 위해서는 연구 책임자가 연구의 정점에 있어야 한다.

1915년에 〈모건〉과 〈스터밴트〉, 〈브리지〉와 〈뮬러〉 등은 역사적인 〈멘델 유전학의 작용기작〉을 발표하였다. 그 해에 〈모건〉은 카네기재단으로부터 초파리 연구에 필요한 자금을 지원받기 시작하였다. 이 재단은 〈모건〉의 연구가 기초연구의 특성을 가지고 있다는 점을 이해하고 연구자로부터 연차보고서 외에는 아무것도 요구하지 않았다. 아직 연방 정부 차원에서의 지원은 시작되기 전이었고 학교 당국은 교육에 투자하기도 힘든 상황이었고 특히 기초연구에 투자할 여력은 전혀 없었다.

그는 현존하는 도그마에 주저 없이 도전하였다. 그는 1901년에서 1910년 사이의 멘델리즘의 재발견 기간 동안에 이루어진 유전학에 대한 형식적인 접근에 대해 실망하였고 회의적이기까지 하였다. 그는 많은 유전요소들이 무엇인지를 결정하는 어떠한 결론도 없는 교배결과들에 실망하였다. 그는 그러한 요소들의 물리적 기반이 무엇인지를 밝히고자 하였다. 그 당시에는 염색체가 유전정보의 전달자가 될 수 없다고 일반적으로 생각되고 있었으나 그의 연구를 통해 염색체상에 유전자가 존재한다는 것이 밝혀졌다.

이후 1928년에 〈모건〉은 캘리포니아 공과대학의 생물학과 개설책임자로 이직하여 1966년에 사망할 때까지 연구와 행정가로서 양쪽 모두에서 활발하게 활동하였다. 그는 총 22권의 책을 저술하였으며 370편의 논문을 발표하였다. 그가 개설한 캘리포니아 공과대학의 생물학과는 현재까지 7명의 노벨상 수상자를 배출하고 있다.

이러한 내용을 담아 〈가랜드 알렌〉이 〈토마스 헌트 모건과 그의 과학〉을 1978년에 출간하였다. 〈알렌〉은 〈모건〉의 개인적인 면모가 아니라 그의 과학적 업적 및 사상에 주로 초점을 맞추었다. 또한 그는 생물학사 및 미국의 과학 발달에 미친 〈모건〉의 영향을 추적하였다. 〈알렌〉은 〈모건〉이 생물학사에서 3가지 주요 발달에 기여하였다는 것을 지적하였다. 첫째는 미국의 생물학이 국제적 힘을 가지게 했다는 것이고 둘째는 〈실험방법 도입〉에 의해 전통 생물학적 관점의 대전환을 일으켰으며, 셋째는 유전학과 〈다윈〉 진화론의 성공적인 융합을 이끌었다는 것이다. 신중한 실험 디자인 및 정량화에 대한 강조는 현대 생물학에 대한 〈모건〉의 절대적인 공헌이다.

〈모건〉의 이야기는 마치 미국의 이야기와 같다. 켄터키의 프레즐링 대학을 졸업한 다음 존스 홉킨스 대학원에서 공부한 〈모건〉은 거의 모든 교육을 미국 내에서 마친 첫 세대 과학자 그룹의 한명이다. 유럽에 잠시 체류하긴 했지만 그는 거의 미국 내에서 활동했으며 그의 훌륭한 업적은 존스 홉킨스 대학, 콜럼비아 대학 및 캘리포니아 공과대학 같은 미국 내의 기관에서 이루어졌다. 〈모건〉에게 훈련받은 사람들은 미국 내의 주요 선도적인 생물학자가 되었다.

멘델 유전학에 대한 확장과 확인은 본질적인 변화를 내포하고 있다. 유전학에 대한 그의 집중적인 연구 이전에는 그 시대의 다른 많은 학자들과 마찬가지로 〈모건〉도 멘델리즘과 자연선택의 중요성에 대해서 의심을 가졌다. 〈모건〉의 연구와 그의 훌륭한 학생들은 멘델 유전학의 본질을 이해하였으며 20세기 과학의 중요한 발전인 진화론의 신합성과 다윈주의 확인의 기초 토대를 제공하였다.

11 사회성 동물

우리는 몇몇 동물군이 사회생활을 한다는 것을 알고 있다. 일부는 마치 정치학 교과서를 따라 행동하는 듯 한 동물들이 존재한다. 붉은털원숭이, 돌고래, 향유고래, 코끼리와 늑대 등 상대적으로 머리가 좋은 종들에 대한 최근의 연구 결과, 이들 동물들은 사회생활보다 훨씬 복잡한 형태의 정치활동을 벌인다는 사실이 발견되었다.

수컷 돌고래는 동지들로 구성된 소그룹을 조직한다. 돌고래는 정교하게 일치된 흔드는 동작, 도약과 회전을 통하여 그들의 동맹관계를 확인하고 유지한다. 암컷 코끼리들은 최소한 100마리의 다른 코끼리들과 1.6km 정도 떨어져 있는 코끼리들에게도 소리를 이용한 대화를 하며 우두머리로서 힘을 과시한다. 늑대들은 강한 계급적 속성으로 결속하여 대중 영합적인 정치 집단들이, 그들의 지도자 집단이 무리를 제대로 통솔하지 못할 때 하위에 있는 늑대들과 결탁, 선동하여 지도자를 축출한다. 동물들이 긴밀한 사회적 집단을 형성하기 위해서는 포식자로부터의 보호와 짝짓기 상대의 획득 등 정치적 능력의 과시가 필요하다. 시간이 지남에 따라 사회적 생활에 대한 요구는 주변의 모든 다른 선택적 압력에 빠지게 되어 예전에 볼 수 없었던 크기의, 투표에 의한 일의 처리 같은 뇌의 진화를 추동하는 요인으로 작용하게 된 듯하다. 〈메스트리 삐에리〉 박사는 붉은털원숭이의 경우, 마키아벨리즘 개념이 체화되어 있는 것 같다고 하였다. 이들 개체들은 음식과 공간 같은 자원 때문에 싸우지 않고 권력을 위해 싸운다. 권력과 지위를 얻음으로써 그들은 모든 것을 얻게 된다. 이 원숭이 집난은 약 30마리 내외가 집단생활을 하며 그들 대부분은 어미와 유전적으로 연관된 후손들이다. 외부에서 이 임깃 집난으로 들어가는 수컷 성체는 할퀴고 물어뜯는 전투행위에 의해 그들의 〈사회적 지위〉를 획득하게 된다. 물론 가장 중요한 것은 그 집단에서 밑바닥으로부터 세력을 규합하여 확대하는 것이다.

성공할 기회는 얼마나 많은 동지들을 규합하느냐와 자신을 돕는 네트워크가 얼마나 다양 하느냐에 달렸다. 원숭이들은 그들의 친구와 가깝게 앉음으로써 감정적 유대감을 키워가며 가능한 기회가 있을 때마다 그들을 배려하고 돕는다. 그러나 이들은 전형적인 기회주의자이다. 그들은 다른 원숭이들을 돕는 척하나 성인만을 도우며 어린 새끼늘은 돌보지 않는다. 그들은 높은 지위의 원숭이만을 노우며 지위가 낮은 원숭이들은 무시한다. 그들은 반드시 이길 싸움에만 그리고 상처받을 위험성이 적을 때만 끼어든다. 그들은 최소 비용으로 최대 효과를 얻고자 노력하며 바로 그것이 높은 지위를 획득하는 전략으로 이런 모습은 인간들 사이에서도 흔히 보는 모습이다. 인간만 고등하고 문화를 가지고 있다고 단정적으로 말하기는 어렵다.

코끼리 사회는 암컷 지배 사회로 약 10마리의 핵심 그룹이 가장 나이 많은 암컷의 지배를 받는다. 그들은 먹이에 대해서, 물과 안전에 대해서 늘 토론하고 결정을 내린다. 서로 의견이 어긋날 때는 큰 소리가 날 수도 있다. 최종적으로는 무리를 다스리는 암컷이 결정을 하게 되며 다른 무리들은 암컷의 결정에 복종한다. 만약 소수 그룹이 강한 자기주장을 굽히지 않으면 일단 그날은 헤어지고 후일 다시 만나 의논하게 된다. 암컷 우두머리는 다른 코끼리 그룹과의 분쟁 또는 포식자의 위협 등에 대처해야 한다. 향유고래도 코끼리와 마찬가지로 소리로 의사소통을 한다. 그들은 〈딸칵〉하는 모스 부호와 같은 유형으로 의사소통을 한다. 달리 표현하면, 그들은 어떤 문화 같은 형태를 가지고 있다. 고래가 내는 〈딸칵〉 또는 〈찰칵〉하는 소리가 여기서 머물 것인가 또는 깊은 물속에 있는 오징어를 찾기 위해 동시에 다이빙을 할 것인가, 다시 물 표면으로 올라갈 것인가, 계속 이동할 것인가를 정하는 투표 행위이다. 이와 같이 동물도 인간이 행하는 것과 동일한 사회적 행위들을 하고 있다. 인간이 다른 정치적인 동물들과 다른 점은 무엇일까 진지하게 생각해 볼 대목이다.

과학기술은 일단 그 형체를 갖추게 되면 원래의 목적을 상실한 채 분지되어 부와 권력을 향해 돌진하는 태생적 특성을 지니고 있다. 그런 이유에서 과학기술시대의 인간의 생태적 지위는 태생적으로 정치적이며 과학기술의 실행은 정치적 행위라 할 수 있다. 〈프랜시스 베이컨〉은 "지식과 권력은 병립한다. 따라서 권력을 증가시키는 방법이 지식을 축적하는 것이다"라고 말했다. 과학기술은 지식을 축적하고 윤리와 도덕을 끊임없이 파괴하고 계급적 권력구조를 끊임없이 파괴하여 궁극적으로 정치에 영향을 미치게 된다.

'과학의 정치학'은 낯설지 않다. 1610년에 갈릴레오는 망원경을 통한 그의 관찰을 단순히 기록하였을 뿐인데도 정치적인 행위를 하였다. 그는 1543년에 목성은 달을 가지고 있고 금성은 위상공간을 가지고 있다는 매우 단순한 관찰을 기술하였다. 그러나 관찰 가능한 사실에 대한 기술은 그 당시 권력층의 지지를 받거나 또는 도전을 받는 정치적인 행위이다. 과학자가 '지구는 태양 주위를 돈다' 또는 '인간의 활동에 의해 기후가 변한다' 등의 사실적 주장을 할 때마다 특정 집단의 이해관계에 따라 지지받거나 탄압받을 수 있다.

과학기술을 통해 '자연의 피속박체인 인간을 자연에서 구출해야 한다'는 맹목적 신념을 가진 부류가 상당히 많다. 불가능한 것을 가능하게 만들려는 과학기술의 시도가 바로 과학적 전체주의이며 기술시대의 악이라고 할 수 있다. 인간은 자연의 일부분으로서만 존재할 수 있다. 착한 과학기술은 우리 주변의 모든 현상에 대해 보편적인 시야를 제공해줄 수 있다. 과학기술은 우리의 삶을 풍요롭게 하는데 기여해야 하며 우리가 살고 있는 지구를 온전히 지키는데도 그 역할을 해야 한다.

착한 과학기술의 예를 들어 보겠다. 인류는 오래 전부터 자연에서 얻은 물질을 치료에 이용해왔다. 기원전 15세기경 고대 이집트의 파피루스에 버드나무가 해열 및 진통효과를 가지고 있다는 기록이 있으며 기원전 5세기경에 히포크라테스는 통증완화 및 해열에 버드나무를 사용하였고 서기 30년경에 로마에서는 염증을 완화시키는데 버드나무 잎 추출물이 사용되었다. 이후 18세기에 영국의 〈스톤〉이 버드나무 껍질의 즙이 말라리아의 열을 내리는데 효과가 있음을 보고하였고 이후 1897년에 바이엘 제약회사에서 〈아세틸살리실산〉을 합성하는데 성공하였다.

인간에게 유용한 성분을 갖고 있는 생물은 매우 다양하다. 진통제인 모르핀은 양귀비에서, 마취제로 쓰이는 코카인은 코카나무에서 그리고 항암제로 쓰이는 택솔은 주목나무에서 추출되었다. 오늘날에는 주로 실험실에서 의약품을 합성하지만 여전히 생물은 유용물질의 주요 원천이다.

환경변화의 도전에 직면한 인류는 생물종다양성을 지키는 것이 지구상에서 인간의 생존을 지켜주는 주춧돌임을 인식하여야 한다. 그러나 무분별한 개발이 지속되면서 멸종위기에 처한 생물종이 증가하고 있다. 이는 다양한 생물종에서 우리 인간이 얻을 수 있는 유용한 물질이 사라진다는 것을 의미한다.

인간은 지구상에 존재하는 다양한 생물종과 함께 진화되어왔다. 생물종다양성의 상실은 인류의 생존과 밀접한 관련이 있기 때문에 전 지구적인 차원에서 생물종다양성을 지키기 위한 노력을 경주해야 할 때이다. 과학기술은 인간이 지구상의 모든 생명체 및 무생명체와 조화롭게 사는데 기여를 하는 착한 과학기술이어야 한다.

생명과학의 연금술

지은이 김환규
펴낸이 이남호
펴낸곳 전북대학교출판문화원

초판 1쇄 인쇄 2016. 12. 15
초판 1쇄 발행 2016. 12. 20

전북대학교출판문화원 전라북도 전주시 완산구 어진길 32 (풍남동2가)
전화 (063) 219-5321~2
FAX (063) 219-5323
출판등록 2012년 8월 20일 제465-2012-000021호

값 15,000원

ISBN 978-89-98534-96-7 03470

이 도서의 국립중앙도서관 출판예정도서목록(CIP)은 서지정보유통지원시스템 홈페이지(http://seoji.nl.go.kr)와 국가자료공동목록시스템(http://www.nl.go.kr/kolisnet)에서 이용하실 수 있습니다. (CIP제어번호 : CIP2016029577)